Initiation Sexuelle

... du Docteur L. BRESSEL...

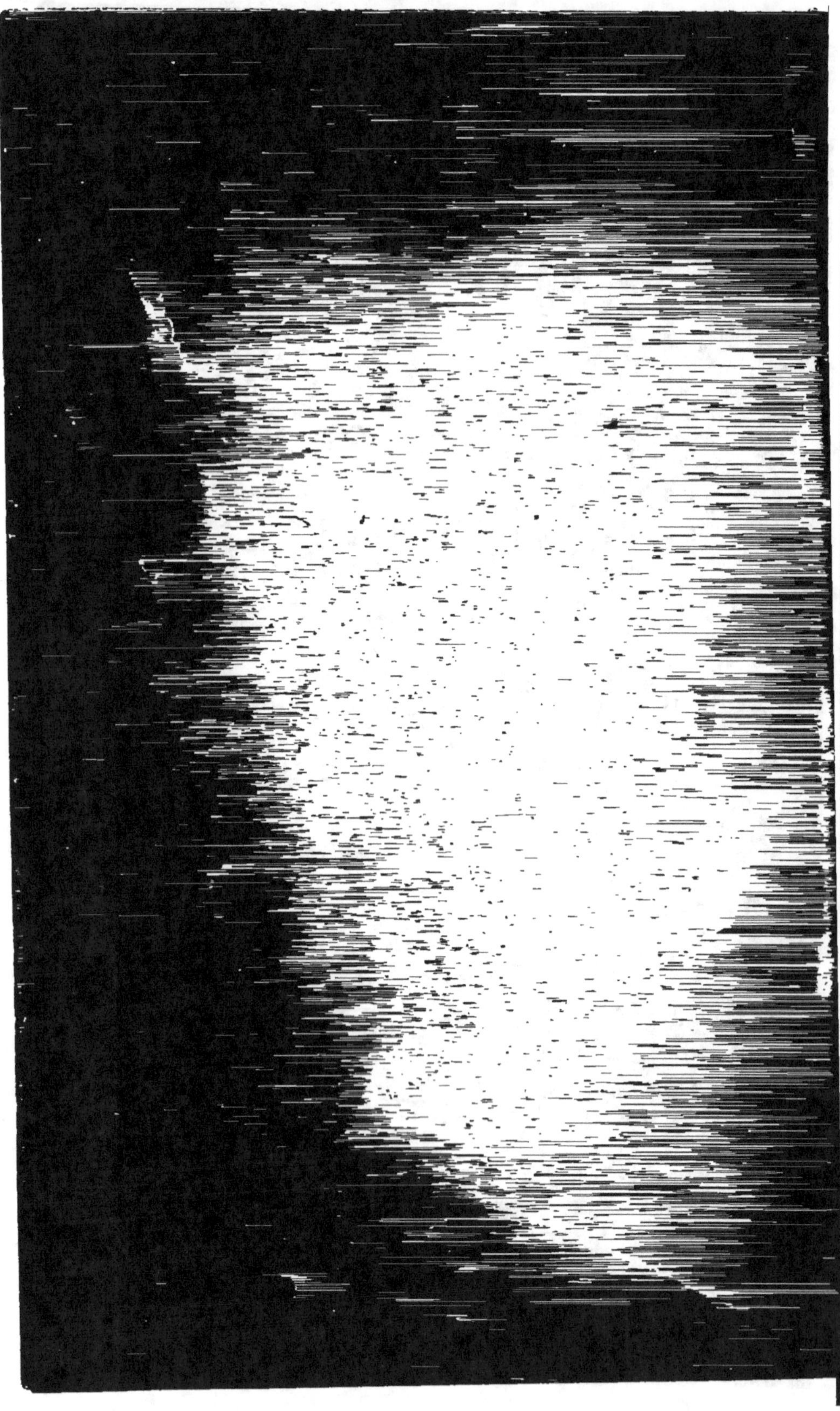

L'Initiation Sexuelle

G. BESSÈDE

⚥ ⚥ ⚥

L'Initiation Sexuelle

ENTRETIENS AVEC NOS ENFANTS

(AVEC FIGURES DANS LE TEXTE)

Préface du Docteur L. BRESSELLE

ART & SCIENCE

PARIS — 6, Rue Bréa (VIᵉ), — PARIS

A Madame

Renée DORIENT

*En témoignage d'affection
et de reconnaissance.*

G. B.

PRÉFACE

Vous m'aviez demandé, cher Monsieur, de préfacer votre petit livre et je vous avais prié de ne point vous impatienter, pensant que je n'aurais pas le loisir d'examiner avec soin votre « Initiation sexuelle » avant la quinzaine écoulée.

Et puis, le surlendemain, ayant ouvert votre manuscrit, j'ai commencé de lire ; et, après une page, puis une autre, je me suis senti invinciblement attiré ; et de proche en proche, oubliant complètement ma tâche même du jour, il m'a fallu coûte que coûte vous suivre jusqu'au bout et parcourir avec votre Paul et avec votre Louise les ingénieuses étapes que vous avez imaginées pour les conduire au seuil de leur vie d'adulte. C'est bien, c'est au point... et c'est chaste.

Oui, c'est chaste, et je vous avoue que ce n'est pas ce qui me plaît le moins dans votre « Initiation. »

Vous avez su éviter l'écueil de la trivialité en une étude où il était à la fois très facile de vous y heurter et très important de vous en écarter. La malveillance toujours en éveil, autour des travaux vraiment utiles, ne trouvera ici rien à reprendre, quelque pointilleuse qu'elle veuille se montrer, et il convient de vous en louer sans réserve. Je ne puis mieux d'ailleurs vous dire tout le bien que je pense de votre petit livre, qu'en vous apprenant le rôle auquel je le destine en ce qui me concerne: j'entends le répandre dans ma clientèle et dans toutes les classes de ma clientèle; j'entends le mettre entre les mains de tous les papas et de toutes les mamans, de même que je mets entre leurs mains les précis où sont enseignées les grandes lignes de l'allaitement, du sevrage et des précautions dont on doit entourer la première enfance.

J'entends leur dire avec l'autorité que peut avoir dans une famille le médecin qui a reçu l'enfant à son arrivée dans le monde, qui l'a vu grandir et qui a continué à lui donner ses soins: « Prenez cette brochure; lisez-la, étudiez-la, appliquez-la surtout; vous obtiendrez en suivant les conseils et la méthode qu'elle préconise, des enfants jouissant d'une belle santé morale dans un corps auquel je me suis efforcé de donner un solide équilibre physiologique. »

Depuis Henri Beyle, en passant par quelques annalistes et nombre de romanciers et en terminant par la tentative d'enterrement de... seconde classe qu'a été l'article du Temps à la suite du récent congrès international d'hygiène scolaire, le cri général, dès qu'il s'est agi d'instruire l'enfant en matière de sexualité, a toujours été: « Silence !... Etouffons cela ! »

Je n'ai pas à m'étendre sur l'erreur grave qu'était cette manière de faire, basée, pour les uns, sur la toute puissance de la vertu, pour les autres, sur la merveilleuse prescience de l'instinct, thèses contradictoires mais aussi dangereuses l'une que l'autre quant aux résultats qu'elles ont engendrés jusqu'ici. Leurs partisans auraient d'ailleurs fort bien pu répondre à notre protestation: « En admettant que nous soyions dans l'erreur et que l'initiation à la vie sexuelle soit utile à l'enfant, avez-vous quelque guide, quelque manuel à soumettre aux familles désireuses de l'instruire et au maître qui va présider à l'évolution de sa pensée ? » Et nous aurions dû nous incliner. Grâce à vous mon cher monsieur, il n'en est plus de même aujourd'hui et vous avez forgé une arme dont il reste aux parents à savoir se servir. Ils n'ont qu'à vous suivre ; la besogne leur est indiquée sans qu'ils aient crainte de s'égarer.

Pour ce qui regarde l'école, et vous le remarquez vous-même au cours de cette brochure, pendant longtemps encore, l'hypocrisie des programmes fera que les maîtres ne pourront collaborer à l'entreprise. Quoiqu'il en soit, les règlements et les décrets ne venant toujours qu'après l'évolution des idées, j'aime à croire que nombre d'instituteurs et d'institutrices vous liront et sentiront qu'il y a en votre petit livre une ligne d'enseignement toute tracée et qui pourra leur servir de base le jour où leur collaboration sera réclamée par une plus libérale université.

Pour le présent, l'initiation sexuelle se résume à un minimum qui effraie lorsqu'on en mesure les conséquences. Au jeune garçon, que je sache, on ne dit rien. Si, par hasard, les exemples mauvais et les fréquentations douteuses ont épargné son enfance et qu'un tempérament précoce ne l'ait pas conduit au vice, son père quelquefois intervient, lorsqu'il est bien tard déjà, et lui trace un tableau terrible et confus des dangers pathologiques qui le menacent; ou bien il se borne simplement à lui interdire les sorties du soir... Belle prudence en vérité!... Quant à la jeune fille, mutisme plus absolu encore. Une heure avant que le mari ne l'emmène hors de la maison où elle a grandi, sa mère, fondant en sanglots, l'entoure de ses bras, et lui parle de résignation et de soumission passive. Quand et comment, je vous prie, se serait-on décemment entretenu de ces choses-là?... Au reste, de droite et de gauche, dans la plupart des cas, les fillettes ont glané sur le sujet des notions plus ou moins fausses et ridicules; les unes ne s'en préoccupent guère, d'autres en demeurent terrorisées, d'autres enfin, curieuses et demi-averties, n'ont plus de la vierge que le nom; et puisque vous citez Alphonse Karr, permettez-moi de vous rappeler le passage de « Geneviève », où d'un pinceau délicat, il silhouette ces petites énervées :

« Dans ces jeux innocents, source de tant de fièvres, un Monsieur a baisé devant les grands parents, tout en baisant la joue, un peu le coin des lèvres ; on a rougi vingt fois d'un mot ou d'un regard, on a reçu des vers et rendu de la prose, etc. Mais il est une chose, une seule, il est vrai, 'que l'on a su garder, soit par la maladresse ou l'ignorance du cousin, soit par la clairvoyante sagesse d'une mère au coup d'œil sûr. »

Tout cela ne serait d'ailleurs que demi-mal si, consciente de l'avenir, la jeune épousée s'en était tracé par avance un tableau véridique. Mais point : le premier homme qu'on lui présentera sera le bon, pourvu qu'il ne soit ni goîtreux ni cacochyme et qu'il paraisse lui offrir les suffisantes garanties du bien-être moderne. Que son cœur ait ou non parlé, que ses sens se soient ou non éveillés à l'approche de celui qui, dès demain et pour toujours, va partager son existence, peu importe... les convenances sont là et cela suffit... Pauvres jeunes filles, pauvres femmes, combien 'd'entre vous pleurent leur vie perdue. Demain vous trouvera prêtes à tout tenter pour reconquérir le bonheur. Vous n'êtes pas des coupables ; vous êtes des victimes.

Quant à vous, mon cher Monsieur, laissez les partisans de l'ignorance vous lancer leurs foudres de carton ; elles ne vous blesseront point ; vous avez fait œuvre belle et utile pour *laquelle toutes les mères vous doivent un grand merci. Et vous avez su, effort trop rare, présenter vos précisions sous la forme attrayante d'un petit roman vécu. Je ne sais si vous vous adonnez au culte des muses, mais que vous fassiez ou non des vers, on sent, à vous lire, que le moraliste se double chez vous d'un poète, et c'est pourquoi, en cette matière si délicate, vous avez si bien réussi.*

Dr. L. BRESSELLE.

TABLE DES MATIÈRES

INTRODUCTION

**Faut-il le dire ? — La thèse
obscurantiste** ͡ ͡ ͡ ͡ ͡ ͡

Le préjugé, — un des plus néfastes peut-
être, — qui consiste à éluder les questions des
enfants sur les choses de la génération ou
à leur répondre par des contes de nourrice,
ne subsisterait plus guère, croyons-nous, si
l'on venait quelque peu en aide aux parents.
En effet, à l'exception des esprits arriérés,
chacun aujourd'hui ne se demande point :
Faut-il instruire les enfants ? mais bien : comment les en instruire ?

Faire des réponses conformes à la vérité
est une tâche délicate, exigeant des connaissances et un doigté que bien peu de personnes
possèdent. D'où la justification d'un ouvrage
de ce genre.

Le troisième Congrès international d'hygiène

scolaire qui s'est tenu à Paris au mois d'Août dernier, montrerait à lui seul combien est générale la préoccupation de ce grave problème. Une large part fut réservée, dans ce congrès, à la question de l'*Initiation sexuelle*. Les congressistes, réunis à la Sorbonne sous la présidence de M. Gustave Lanson, professeur à la Faculté des Lettres de Paris, ont recherché les moyens d'introduire l'éducation sexuelle dans la pédagogie. Rapporteur pour l'Allemagne, le docteur Chotzen, de Breslau, préconisa une éducation destinée à agir sur l'intelligence et le sentiment, propre à donner aux jeunes gens conscience de leur « responsabilité sexuelle ».

Après le docteur Doléris, membre de l'Académie de médecine, qui fit un excellent exposé du sujet, nombre d'éminents congressistes, parmi lesquels les professeurs Chantemesse et Pinard, les docteurs Mathieu, — président du congrès, — Le Gendre, Siraday, de Fleury. Thassevent, Viel, etc., prirent part à la discussion.

L'application d'un enseignement général de l'anatomie humaine et des fonctions de reproduction, dans les écoles, apparaît partout nécessaire. C'est ainsi qu'au moment même où se tenait le congrès, les députés Orlando et Calabrese, déposaient à la Chambre italienne, un projet de loi concernant l'éducation sexuelle sur les bases suivantes :

— « Dans les écoles élémentaires, — pour donner suite à *l'avis favorable* exprimé par le *conseil provincial d'éducation*, — les maîtres pourront faire quelques conférences sur l'hygiène sexuelle. Dans toutes les autres écoles, instituts d'éducation, où est donné l'enseignement supérieur, mais non universitaire, le cours d'hygiène sexuelle est obligatoire avec un nombre de leçons que décidera prudemment le directeur, en tenant compte de la nature et de la spécialité de l'école ou de l'institut, de l'âge, du développement et du sexe des élèves.

« L'enseignement sexuel, dans toutes les écoles ou instituts de jeunes filles, doit être confié à une maîtresse ou autre dame ayant un diplôme médical, ou à son défaut, à une mère de famille. »

Le principe de cet enseignement est donc admis par tous les hommes de progrès. Mais il en est d'autres. Quels sont les arguments des tenants de la Routine, si néfaste en pareille matière ? Le troisième Congrès d'Hygiène scolaire était une excellente occasion pour nous les faire entendre à nouveau. Et en effet, à ce propos, un rédacteur du *Temps* ne faillit point à résumer comme la tradition du journal l'y obligeait, le plaidoyer des partisans de l'Ignorance. Qu'on nous permette de le reproduire ; nous donnerons ensuite, — ne pouvant dire mieux, — la réponse qu'y fit M. Gustave Lanson, professeur à la Sorbonne.

LA THÈSE OBSCURANTISTE

Le congrès d'hygiène scolaire s'est occupé de l'éducation sexuelle de l'enfant. C'est une question très délicate, tout le monde en convient, mais aussi plus complexe que certains ne semblent l'imaginer. Le docteur Chotzen, de Breslau, estime qu' « à l'école, c'est pour le moment un médecin qui doit être chargé de cet enseignement ; un peu plus tard, quand les maîtres auront appris à parler de ces choses, ils pourront à leur tour traiter de l'éducation sexuelle ». Le docteur Doléris, de Paris, membre de l'Académie de médecine, déclare : « Les pères et les mères osent bien rarement aborder ce sujet, qui leur paraît scabreux ; la plupart d'entre eux, grâce à leur éducation pieuse, estiment que l'ignorance est la meilleure condition de la pureté... C'est aux sciences naturelles qu'il faut demander l'instruction logique et graduée capable de préparer la jeune fille et le jeune garçon à se conformer aux règles de la saine biologie, sans s'éloigner des exigences de la morale nécessaire. » M. Gustave Lanson, professeur de littérature française à la Sorbonne, a dit : « En répandant l'éducation sexuelle, en parlant naturellement de choses naturelles, vous travaillerez à préparer, pour la fin de ce siècle, un public qui demandera aux écrivains autre chose que des dialogues ou des rêveries d'amants. Il y aura moins de romans racontant des aventures de séduction ou d'adultère, et ce sera une grande révolution. »

Est-ce bien certain ? Peut-être, au contraire, cet enseignement aurait-il l'inconvénient d'attirer trop tôt l'attention des enfants sur des sujets qui ne les tourmentaient pas encore. Un enseignement scolaire a le grand tort d'être uniforme. Il y a des enfants plus ou moins avancés pour leur âge, et le même moment n'est pas opportun pour les entretenir tous de ces matières. La sagesse est de tenir compte des circonstances éminemment variables et dont les parents seuls peuvent juger. L'ignorance n'est sans doute pas toujours la meilleure condition de la pureté, mais il arrive aussi qu'elle l'assure spontanément ; il serait alors imprudent de battre l'eau qui dort. *Quieta non movere!* Quoi de plus touchant et de plus délicieux que la candeur d'une jeune fille vraiment innocente ? La virginité de l'âme est un trésor d'un prix infini, qu'il serait sacrilège de laisser troubler par la lourde et pédantesque science d'un clinicien. Ces médecins et ces pédagogues qui leur emboîtent le pas nous la baillent belle avec « les choses naturelles » dont il faut « parler naturellement ». Tout est dans la nature, mais tout n'y est pas identique. Assimiler les fonctions organiques dont il s'agit à celles de la nutrition, c'est méconnaître la poésie de la pudeur et l'adorable mystère de l'amour. Stendhal, qui n'était pas un clérical, mais un disciple de Condillac et de Cabanis, n'en a pas moins écrit dans ce sens des pages décisives. La prédominance exclusive du point de vue étroitement médical mutilerait l'humanité et détruirait pour une bonne part le charme de la vie. Et Nietzsche a justement

raillé le préjugé théorique. La documentation
scientifique ne suffit pas à tout et n'est pas
toujours nécessaire. L'instinct des filles même
ignorantes les met en garde contre bien des
dangers. La morale vaut souvent mieux comme
protection contre le vice que la connaissance
de la physiologie. Et tout cela dépend surtout
des cas individuels. Stimulez la vigilance des
familles, insistez auprès d'elles sur ce devoir,
indiquez-leur les bons moyens de l'accomplir,
mais laissez-leur le soin d'y pourvoir elles-
mêmes et d'intervenir dans le temps et dans
la mesure où cette intervention s'imposerait.

Le Temps, 6 août 1910.

RÉPONSE

... Enfin la question de l'éducation sexuelle
a passionné le Congrès. Aucune question n'a
excité plus d'intérêt et le Dr Mathieu et moi
avons failli passer un mauvais quart d'heure
pour avoir voulu, forcés par l'heure, renvoyer
la discussion au prochain congrès international. On a dû tenir une séance supplémentaire
le 5 août après-midi.

Il y a là, chez toutes les nations, un mouvement considérable, dont on ne doit pas mé-

connaître la portée. Libre à un journaliste (Le *Temps* du 6 août) de croire qu'il a résolu la question par quelques phrases sur la « candeur délicieuse d'une jeune fille vraiment innocente », sur « le prix infini de la virginité de l'âme » et sur « la poésie de la pudeur et l'adorable mystère de l'amour ». Si l'éducation sexuelle et ce qui y touche de près, l'enseignement de la puériculture, sont devenus nécessaires, c'est que dans la masse des jeunesses urbaine et rurale qui fréquentent les écoles primaires, la « candeur, la virginité de l'âme » n'existent guère. Les animaux à la campagne, les conditions du logement dans les villes, renseignent les enfants de bonne heure. Dans la bourgeoisie, dès qu'on livre les enfants à l'éducation collective, on met en péril la « candeur et la virginité de l'âme ». Dans l'aristocratie, les amitiés de couvent, la vie mondaine se chargent souvent de déflorer les âmes. Vous vous souvenez du personnage d'Octave Feuillet — à moins que ce ne soit Cherbuliez — qui, ayant entendu, dans un bal, les propos de jeunes filles aux visages plus chastes encore que leurs parures, disait : « elles parlaient comme des cuirassiers ».

La question est donc celle-ci. Dans l'impossibilité générale de garder aux enfants leur fleur d'innocence, faut-il abandonner au hasard, aux spectacles de la rue, aux conversations des camarades, aux lectures clandestines, aux affiches, etc., le soin de faire l'éducation de la jeunesse sur cette matière délicate ? Est-ce en ne disant rien, est-ce en ne voulant rien savoir de ce qui se passe dans l'esprit de l'enfant à ce sujet qu'on le conserve pur ? Que de fois cette fameuse virginité de l'âme n'existe-t-elle que dans l'illusion des parents ! Leur silence mystérieux est inquiétant et n'a pour effet que d'obliger le jeune garçon et la jeune fille à se fermer pour eux et à n'en quêter qu'avec plus d'ardeur de tous côtés l'instruction que les parents leur refusent.

... D'ordinaire, les filles qui ont des petits frères ou sœurs, savent vite comment ils sont faits et d'où ils viennent. Ce qu'on leur apprendra de plus, c'est à ne pas tuer, à ne pas débiliter leurs propres enfants, quand elles en auront, par leurs préjugés, leur ignorance et leur imprudence.

Le journaliste en question écrit encore : « La prédominance du point de vue étroitement médical mutilerait l'humanité... La documentation scientifique ne suffira pas à tout. La morale vaut encore mieux comme protection contre le vice que la connaissance de la physiologie. » C'est à croire que le rédacteur du journal « le mieux informé » ne s'est pas donné la peine d'assister au Congrès. S'il y a eu une chose évidente dans toute la discussion, c'est la modération et l'élévation avec lesquelles on a parlé de ces matières. Tout le monde a été d'accord pour faire de l'éducation sexuelle une question psychologique et morale en même temps que physiologique et médicale. M. Malapert a rappelé en termes excellents qu'aucune éducation sexuelle ne serait efficace, ou n'éviterait le risque de se dégrader à une prudence vulgaire et brutale, si l'instruction n'était mise sous le commandement des sentiments moraux et sociaux. Le docteur Doléris, dans son remarquable rapport a marqué, lui aussi, la nécessité de faire appel aux sentiments moraux.

... L'ignorance, et surtout cette demi-ignorance où la curiosité s'excite, cette inquiétude troublante du « mystère » de la génération sont des états malsains. Il faut peu à peu, avec tact, renseigner les enfants, ne pas répondre à leurs interrogations par des sottises dont ils ne sont pas dupes, ou par des refus effarouchés qui allument encore davantage leur imagination. Instruction et éducation, connaissances et sentiments seront donnés ensemble, inséparablement, d'abord et toujours par les parents, ensuite par les maîtres de botanique ou de zoologie, par les instituteurs de tout ordre.

... De la collaboration des familles, des maîtres et des médecins doit résulter une forte éducation des sentiments moraux et sociaux qui habituera les enfants ou les adolescents à regarder avec gravité tout ce qui touche aux problèmes sexuels, à n'en faire jamais une matière ni de grivoiserie grossière ni de poésie morbide, et à dominer en eux-mêmes les troubles et les impulsions de l'instinct.

Libre à ceux qui se flattent de pouvoir élever des « oies blanches » de le faire : pour le grand nombre des parents et des instituteurs qui n'osera y prétendre, les rapports du Dr Chotzen et du Dr Doléris, avec les discussions qu'ils ont amenées, seront une source de réflexions pratiques.

... Ce n'est que lorsque, de tous côtés et spontanément, librement, l'éducation sexuelle aura commencé à se répandre, à s'organiser, qu'il devra être question pour l'administration de généraliser les méthodes et les résultats (dans les écoles). Elle ne peut intervenir à l'heure actuelle que par une protection discrète et éclairée des initiatives intelligentes.

G. Lanson.

La Grande Revue, 10 Septembre 1910.

Cette grave lacune dans l'enseignement de l'enfance que souligne éloquemment M. Lanson, nous avons essayé de la combler, non pas au point de vue d'une « prudence vulgaire et brutale » mais au contraire, en procédant des « sentiment moraux et sociaux » les plus élevés. Avant d'entrer en matière nous voudrions répondre cependant à une absurde affirmation du *Temps* que M. Lanson a négligé de réfuter.

« L'instinct des filles même ignorantes les met en garde contre bien des dangers », lit-on dans le *Temps* du 6 août. Alors comment se fait-il que tant de malheureuses deviennent enceintes avant d'être lâchement abandonnées ; que tant d'autres soient syphilisées par surcroit, et donnent le jour à de lamentables petits êtres dont toute la vie ne sera qu'un martyre ; que certaines soient affligées de maris impuissants et souffrent de longues années en silence ; que d'autres soient victimes de brutalités subies grâce à cette sainte ignorance dont plus d'un mari abuse sans scrupules, etc., etc...

Nous n'en finirions pas s'il nous fallait rappeler toutes les existences de femmes salies, brisées ou anéanties dans le suicide, dont nous avons eu connaissance dans notre seule vie d'homme. Et la cause de tous ces irréparables malheurs, quelle est-elle, sinon l'Ignorance ?

L'ignorance, voilà la grande malfaitrice, voilà l'origine de tous les malheurs sociaux et privés. Aussi ne saurait-on s'élever assez contre les conceptions obscurantistes dont l'humanité n'a que trop souffert déjà.

Contre la hideuse, la malsaine, l'exécrable Ignorance, nous dressons aujourd'hui ce petit livre, heureux au-delà de tout si par lui nous pouvons abattre, dans quelques âmes, un coin de son domaine de ténèbres et de mort.

L'Initiation Sexuelle

I

L'onanisme infantile. — Les petits enfants sont faits par leurs parents. — Serins et chats ✗ ✗ ✗

Bien avant notre mariage, l'éducation des enfants fut un de nos fréquents sujets de conversation. Lorsqu'il s'agit de l'éducation en général, passe encore : on n'a que l'embarras du choix parmi les innombrables traités publiés sur cette matière. Mais dès que l'on aborde le côté sexuel, les documents se font rares ; aucun ouvrage pratique n'existe. Bien décidés à rompre avec les errements habituels et à dire à nos enfants toute la vérité, sauf à la doser selon leur âge, il nous a donc fallu réunir nos documents nous-mêmes, puis composer notre méthode, avant de passer à la pratique de notre mieux. C'est le résultat de notre propre expérience que nous livrons à la réflexion des parents.

Notre petit garçon a atteint ses trois ans aujourd'hui. Paul est un petit bonhomme à l'esprit éveillé, vif et remuant au possible et dont la langue est pour ainsi dire en perpétuel mouvement. C'est bien l'enfant le plus questionneur, à notre connaissance. Rien qui n'excite sa curiosité et ne fasse l'objet d'innombrables : pourquoi ? prononcés avec cet accent, avec ces yeux que toutes les mères ont en mémoire et qui décèlent si fort chez ces petits êtres assoiffés de vie, la hâte de tout sentir, de tout connaître.

Ma femme, qui se passionne de plus en plus à l'éducation de son garçonnet ne manque pas une occasion de lui donner une leçon de choses. Nous avons en ce moment une toute jeune chatte et des serins. Tout à l'heure, comme elle allait donner ses soins à ces derniers :

— Paul ! s'est-elle écrié soudain, viens voir, mon chéri.

— Quoi, quoi ? a fait impatiemment l'enfant, par avance intéressé.

— Regarde : un, deux, trois petits œufs dans le nid.

— Oh ! qu'ils sont mignons... Qui c'est qui les a apportés ?

— Personne, dit ma femme. C'est la serine qui les a faits.

— Pourquoi qu'elle les a faits ?

— Pour avoir des petits. Tous les oiseaux font des œufs pour avoir des petits. Si tu ne mangeais pas l'œuf de poule que je te sers à midi, il en sortirait un jour un petit poussin.

Ce dernier propos réveilla l'appétit de l'enfant et son esprit, éminemment mobile comme chez tous ses pareils, s'occupa aussitôt d'autre chose. Néanmoins un jalon était posé.

Après le déjeuner, la mère et l'enfant sont allés à la promenade je les ai accompagnés quelques instants. Dans le jardin public, deux ménagères bavardaient à côté de nous pendant que le bébé de l'une d'elles, un garçonnet de l'âge du nôtre, restait bien tranquille... une main fourrée sous sa robe. Croyant devoir appeler l'attention de sa voisine :

— Voulez-vous laisser jouer votre petit garçon avec le mien, dit ma femme.

— Volontiers, madame, acquiesça la mère ;

puis s'adressant à son fils, dont elle aperçut du coup le geste :

— Veux-tu finir, fit-elle en lui donnant une tape sur la main ; va donc jouer avec le petit garçon. Et à ma femme :

— Croyez-vous, je ne peux lui faire perdre cette habitude.

J'intervins alors :

— Pardon, madame, ne pensez-vous pas que c'est un peu la faute des parents si les enfants contractent ces habitudes-là ?

— Oh, monsieur, beaucoup d'enfants sont ainsi ; on a beau les gronder, ils ne se rendent pas compte et reviennent toujours à leur petite manie ; d'ailleurs, à cet âge, il n'y a pas grand mal.

— Vous vous trompez, dis-je. Je puis vous assurer qu'une telle manie est toujours dangereuse. Voyez votre enfant, comme il a le teint pâlot, comme il joue mollement. Un épuisement nerveux, de l'engourdissement, de la stupidité suivront si vous n'y prenez garde, et plus tard, si l'habitude persistait, ce serait vite le dépérissement ou le crétinisme.

— Vous avez peut-être raison, mais comment empêcher cela ?

— C'est bien simple, dit ma femme. Il n'y

a pas d'enfant qui naisse vicieux ; certains sont plus ou moins prédisposés à l'onanisme à cause de leur hérédité, voilà tout. Tous deviennent ainsi par manque de soins, défaut de surveillance, ou encore par le fait de gardiennes ignorantes ou sans conscience. On a vu des nourrices qui, pour calmer les cris d'un jeune enfant, n'ont pas hésité à se livrer sur lui à des pratiques onanistiques ou bien à diriger sa petite main. Le chatouillement que les bébés éprouvent ainsi les pousse à recommencer d'eux-mêmes, et voilà une mauvaise habitude contractée. Il suffit aussi qu'ils soient mal ou trop peu fréquemment lavés ; les démangeaisons dont ils souffrent aux parties sexuelles font qu'ils se grattent. et bientôt la même habitude s'ensuit.

Mon petit Paul n'a jamais eu cette habitude. Quand il était au maillot, j'avais soin de le bien laver chaque fois que je changeais son linge ; cela ne demande que quelques instants et c'est si facile, puisqu'il suffit d'un peu d'eau tiède et d'une éponge fine. Chaque jour en outre, je lui faisais prendre un bain complet ; je n'ai pas cessé de lui donner ces soins et je continuerai tant qu'il ne sera pas capable de procéder lui-même à sa toilette.

Un enfant habitué à se laver toutes les parties du corps le fait avec la même indifférence, qu'il s'agisse de l'une ou de l'autre partie.

En sortant de l'école maternelle, l'autre jour, notre petit Paul s'est écrié, à peine a-t-il aperçu sa mère :

— Maman, je veux un petit frère.

— Qu'est-ce que tu me racontes-là, dit la mère.

— Oui, oui, je veux un petit frère, pas'que Léon, tu sais bien, le petit garçon qui m'a battu ; eh bien, il a dit comme ça que sa maman lui achèterait un petit frère.

D'abord interloquée, ma femme allait répondre comme font bien des mères, par une promesse évasive qui n'engage à rien, croient-elles ; mais réfléchissant vite que nous nous étions promis de ne jamais tromper notre enfant :

— Ecoute, mon chéri, dit-elle, il ne faut pas croire qu'on achète les petits enfants comme des joujoux. Tu n'en as jamais vu à la foire, n'est-ce pas ?

— Non... fit l'enfant quelque peu abasourdi. Mais ses quatre ans déjà raisonneurs ne se tenaient pas pour battus. Ça ne fait rien, ajouta-t-il ; tu m'en donneras un tout de même, dis, maman ?

— Je t'en donnerai un quand je pourrai mon petit ; maintenant je ne peux pas.

— Et pourquoi que tu ne peux pas ?

— Je te dirai ça une autre fois, conclut la mère, qui pensa qu'il était préférable d'attendre l'occasion d'un petit fait d'observation pour mieux éclairer l'esprit de l'enfant.

Cette occasion ne tarda pas à se présenter. A quelques jours de là, dans le jardin public, Paul accourait vers sa mère en disant avec des larmes toutes proches dans sa voix bégayante :

— Maman, ils disent que je ne suis pas né ; ça n'est pas vrai, dis ?

— Et tes petits camarades, est-ce qu'ils sont nés, répondit ma femme.

— Oui, Jacques est né dans un chou, Charles aussi ; Louise dans une rose... Et toi, qu'ils ont dit... Moi, j'ai dit que je savais pas... Alors ils disent tous que je ne suis pas né... Hi, hi, hi... Dans quoi que je suis né, maman...

— Je vais te dire, mon mignon. Ce ne sont pas les choux ni les roses qui font les petits enfants, ce sont les mamans. Tu te rappelles, les jolis petits serins qui sont nés dans la cage ? Tu as vu comme la mère tenait bien au chaud sous elle les œufs qu'elle avait pondus ; et un beau matin, les petits oiseaux sont sortis de leur coquille. Eh bien, moi, ta maman, j'ai fait à peu près comme la serine et tu es sorti de moi comme le serin de sa coquille. C'est pour ça que je t'aime beaucoup, beaucoup ; c'est pour ça que tu es mon petit à moi, que je suis bien ta maman et pas celle d'un autre petit garçon ; car chacun, enfant, serin, chien ou chat a la sienne. Tu comprends ?

— Oui, maman, fit l'enfant rasséréné, tout heureux, semblait-il, de se sentir vaguement plus près de sa mère.

Cette explication ne tarda pas à être suivie d'une autre. Notre petite chatte en fut le prétexte. Comme Paul l'avait saisie un peu brusquement :

— Va plus doucement, lui dis-je ; tu vas lui faire très mal au ventre. Et sur l'inévitable réponse de l'enfant : Pourquoi ? — C'est qu'elle va faire des petits, continuai-je ; et ces petits sont dans son ventre.

— Oh ! c'est vrai, papa, et quand les fera-t-elle ?

— Bientôt ; dans quelques jours.

La semaine suivante en effet, la chatte mettait bas ; peu après ma femme appelait joyeusement notre enfant :

— Viens voir, Paul, il y a des petits chats. Paul accourut, et l'on pense si les nouveau-nés furent fêtés. Mais bientôt les interrogations se mirent à pleuvoir. Ce qui fut pour la mère l'occasion de l'explication suivante.

— Tu as vu que les petits serins naissaient d'un œuf et que les petits chats sortent du ventre de leur mère ; eh bien, tous les oiseaux, les poules, les cygnes du bassin, tous les êtres qui portent des plumes naissent comme les serins ; et tous ceux qui ont des poils, les chiens, les chevaux, les souris, naissent comme les petits chats. Toi-même tu es né ainsi ; tu as été comme eux et c'est moi, ta maman, qui t'ai fait de la même manière que la chatte.

Les leçons précédentes étant ainsi rappelées à l'enfant, ces notions resteront acquises désormais ; la maternité ne lui apparaîtra jamais comme une chose très « mystérieuse »

et par conséquent troublante ; bien au contraire ce sera pour lui le fait le plus naturel
du monde et quand ces notions viendront à
être complètées, elles ne l'émouvront pas autrement. Cependant son esprit travaillait :

— Alors pourquoi que tu veux pas me faire
un petit frère, dit Paul, revenant soudain à
son idée de naguère.

— Je vais t'expliquer, mon petit enfant.
Si je faisais un petit frère ou une petite
sœur, il faudrait bien lui donner un berceau,
avec des couvertures bien chaudes, puis des
bas, des vêtements, du lait, des œufs, tout
ce dont tu as besoin toi-même ; mais nous
sommes trop pauvres pour cela. Quand nous
serons moins pauvres, papa nous apportera
un autre berceau ; alors je te donnerai un
petit frère, va, sois tranquille.

Ma femme, qui était à ce moment enceinte,
devait accoucher peu après d'une fille. Sa
grossesse passant inaperçue aux yeux de notre
garçonnet nous ne jugeâmes pas nécessaire
de l'en instruire et il ne lui fut pas parlé
davantage de maternité. Son attention, au reste,
était épuisée. Aussi bien, il savait comment
naissent les enfants ainsi que les animaux

domestiques et la raison de l'amour maternel lui apparaissait vaguement.

Cela vaut bien les absurdes et immorales histoires de choux ou d'achats d'enfant, tendant à faire croire à ces âmes aimantes, généreuses et candides, que tout s'achète ou se vend et que l'affection d'une mère est à la merci d'un marchand imaginaire.

II

**Universel spectacle de la généra-
tion. — Nécessité des deux sexes.
— L'onanisme dans la seconde
enfance** ɣ ɣ ɣ ɣ ɣ ɣ ɣ ɣ

Notre petit Paul a perdu ses fraîches couleurs ; il grandit beaucoup et la croissance le
fatigue. Une lettre de la grand'maman est
venue à propos nous rappeler que les arbres
de son jardin sont chargés de fruits et que
l'été s'annonce très beau. Il faut à notre petit
garçon l'air pur de la campagne. Nous voici
donc installés depuis quelques jours chez la
grand'mère ; l'enfant, qui s'intéresse prodi-
gieusement à toute la vie des champs, ne
manque pas de multiplier les questions autour de la reproduction des insectes et des
animaux.

C'est que, dans cette saison chaude qui
est, par excellence, celle de la génération, le

spectacle de l'amour s'offre partout où le regard se pose. Les plantes en pleine floraison exhalent leurs parfums les plus doux ; les insectes qui rampent sous les herbes ou zigzaguent dans les airs ; les papillons, les abeilles voltigeant de fleur en fleur, les oiseaux qui font entendre à cette époque leurs mélodies les plus passionnées, tout parle de volupté, tout rappelle que la nature consacre ces mois à l'amour. Dès l'aube, à peine entr'ouvre-t-on les yeux que le regard rencontre l'ardent accouplement de deux mouches ; ouvre-t-on la fenêtre, on voit des oisillons se poursuivre à grands cris, deux papillons passer unis dans la volupté, ou encore le mâle des demoiselles saisir prestement sa femelle par le cou à l'aide des deux tenailles placées à l'extrémité de sa queue, pour la forcer à consommer l'acte générateur pendant leur vol.

Devant cet universel spectacle comment peut-on parler des « mystères » de la reproduction. Son image est présente partout ; comment l'esprit si curieux, si observateur de l'enfant n'en serait-il pas frappé et à quoi servirait de ne pas répondre ou de mal répondre à ses questions, sinon à lui apprendre la dissimulation et à exciter malsainement une curiosité qui n'était d'abord qu'un très louable désir de s'instruire ? Quant à nous, nous sommes décidés plus que jamais à ne point fausser l'esprit ni les sentiments de notre enfant.

Paul, qui tout à l'heure remuait des pierres en pourchassant des insectes, tombe en arrêt devant une demi-douzaine de petites boules grisâtres, élastiques, qui l'intriguent fort.

— Papa ! crie-t-il bientôt, viens voir ! Et l'enfant me montre fièrement sa trouvaille.

Ce sont des œufs de lézards, lui dis-je. Il n'y a pas que les oiseaux qui se reproduisent par ce moyen ; les lézards, les poissons, une foule de bestioles naissent ainsi. La femelle du papillon, par exemple, pond de 4 à 500 œufs ; une reine abeille en pond 12.000 en deux mois. D'autres insectes se reproduisent avec une effrayante rapidité. Ainsi l'unique femelle d'un essaïm de grosses fourmis (les termites) pond jusqu'à 80.000 œufs par jour ! Une seule mouche peut produire de 20 à 30.000 mouches pareilles à elle. Quant aux poissons, c'est bien plus extraordinaire puisque certaines femelles, celles de la morue, par exemple, pondent de 3 à 9 millions d'œufs ! Tu vois que les oiseaux sont loin de faire autant de petits, bien que ceux-ci naissent de la même manière.

En cette saison, les insectes, les oiseaux, tous les animaux se hâtent de profiter de la chaleur pour se reproduire. Tu as vu comme la petite serine se couchait sur les œufs pour les faire éclore ; les insectes n'ayant pas assez de chaleur pour cela ils sont donc forcés de les confier à la terre et d'attendre que celle-ci soit échauffée par le soleil.

Et je me mis à penser pour moi seul à l'ardeur amoureuse des insectes. A peine sortis de leur engourdissement hivernal, mâles et femelles se recherchent avidement, car leur vie est courte ; d'autre part ils n'ont de relations entre eux que pour la reproduction. Aussi font-ils songer à ces vers de Sully-Prudhomme, encore plus profondément vrais et mélancoliques pour eux que pour les hommes :

> Vous êtes séparés et seuls comme les morts,
> Misérables vivants que le baiser tourmente.

— Oh ! papa, deux papillons attachés ensemble... pourquoi, dis ? interrompit alors l'enfant.

— Pour pouvoir se reproduire, précisément. Celui qui est dessus, c'est le mâle, l'autre, c'est la femelle.

— Pourquoi sont-ils deux ?

— Parce qu'il faut toujours un mâle et une femelle pour faire des petits. Là-dessus, une colonne de fourmis venant à passer, on parla des mœurs particulières de ces insectes et il ne fut plus question de génération ce jour-là.

Les sept ans de notre fils réclament des éclaircissements nouveaux. L'arrivée d'une petite sœur, il y a trois ans, a été l'objet, depuis, de bien des interrogations ; nous y avons toujours fait des réponses basées sur la vérité, nous contentant de mettre celle-ci à la portée de l'enfant. Il n'a pas été sans voir que sa sœur Louisette n'était pas faite comme lui, mais il faut croire que cette observation ne lui représentait encore rien de précis, car c'est ce matin seulement qu'il en a parlé. A l'heure où les enfants prenaient ensemble leur bain quotidien, voici Paul qui s'avise de demander :

— Maman, pourquoi manque-t-il quelque chose à Louisette... là. Et son doigt désignait le sexe de la petite.

Préparée depuis longtemps à cette demande, ma femme s'empressa de répondre, d'un ton légèrement méprisant :

— En voilà une question ; c'est parce que c'est une fille. Elle ne peut pas être faite comme toi, puisque tu es un garçon. Elle a un sexe féminin, toi tu as un sexe masculin, voilà tout ; de même, la chatte est une femelle et le chat est un mâle. Je croyais que tu savais cela.

Tous les animaux et même les insectes ont, les uns un sexe mâle, les autres un sexe femelle. Pourquoi ne seriez-vous pas, Louisette et toi, comme tous les êtres vivants.

Un garçonnet de l'âge du petit Paul ne pouvait en demander davantage ; les choses sont ainsi parce qu'elles sont ainsi ; cela suffisait à calmer sa jeune imagination. Et de fait il n'y pensa plus, nous en restâmes persuadés. S'il en avait été autrement, il n'eut pas manqué de nous poser de nouvelles questions ; il n'avait aucune raison de dissimuler ses sentiments puisque nous n'avons jamais laissé ses demandes sans réponse. Aussi ma femme n'en continue pas moins de baigner les enfants ensemble, et il en sera ainsi jusqu'au jour où leur pudeur pourrait en souffrir. De la sorte ils ne seront pas amenés à satisfaire en cachette leur légitime curiosité et par suite ils éviteront de tomber dans le vice, où ces cachotteries conduisent si souvent.

A quelque temps de là j'avais emmené Paul en visite chez un ami dont le garçonnet est de deux ans plus âgé. Les deux enfants eurent tôt fait de prendre leur vol et au moment du départ il fallut interrompre leurs jeux. Depuis un moment on ne les entendait plus courir en pépiant comme des moineaux. Je me mis à leur recherche. Ne les découvrant pas tout d'abord j'allais appeler, lorsque je les aperçus enfin tout au fond du verger, assis l'un près de l'autre... l'aîné montrant au plus jeune son savoir faire en matière d'onanisme. Ainsi me fut démontré, une fois de plus, que les exemples pernicieux sont inévitables et qu'en douter c'est vouloir fermer volontairement les yeux.

— Malheureux enfant ! criai-je d'un ton effrayé et sévère à la fois. Tu veux donc te rendre idiot ; tu veux donc ne jamais grandir ! Si tu savais le mal que tu te fais ! — Puis, me tournant vers mon fils : — Regarde, Paul, comme il est honteux ; il sent qu'il a mal agi ; aussi quelle laide figure il fait. On ne doit jamais se cacher, mon enfant. Un homme qui agit bien — et un petit garçon doit apprendre à agir comme un homme, — peut regarder tout le monde en face. Vois comme il détourne les yeux. C'est que rien n'est plus vilain que de toucher à ces choses-là quand ce n'est pas pour sa toilette, et il le sait bien. Mais c'est surtout vilain, parce que, comme la boisson, cela rend les êtres humains pires que les animaux. Un animal est beau, il se tient propre et sait se garder du danger. Un ivrogne est sale, répugnant, hideux à voir ; il roule dans un ruisseau fangeux ou tombe sur la route, et si une voiture passe, il se laisse stupidement écraser. Je t'ai montré un ivrogne, une fois, tu te rappelles ? Je t'ai montré aussi des photographies d'alcooliques aux visages ignobles, à l'allure générale parfaitement repoussante. Tu vas voir maintenant des photographies d'enfants qui ont pris l'habitude de se toucher le sexe ; tu sauras quels affreux petits bonshommes ils sont devenus.

Je sortis alors quelques gravures extraites

d'une revue médicale et reproduisant les traits d'adolescents adonnés à la masturbation ; je les tenais depuis quelque temps dans mon portefeuille, prêt à les mettre sous les yeux de mon fils afin d'arrêter, le cas échéant, le mal à sa première manifestation. Paul écoutait, sérieux, gêné à peine, cependant que son petit camarade tournait obstinément la tête en rougissant fort, voulant fuir et n'osant pas, prêt à pleurer et se raidissant pour l'éviter. M'adressant d'abord à celui-ci :

— Ecoute-moi, mon petit ami, lui dis-je d'un ton radouci, c'est pour ton bien aussi que je dis tout cela ; tu ne veux pas qu'on t'enferme un jour comme un idiot, n'est-ce pas ? Eh bien, il te faut dire comme un homme : je ne veux plus me toucher. Regardez tous deux ces malheureux garçons. En voici un qui a douze ans ; il en paraît six ; et quelle mine affreuse il a ; il ne sait ni lire ni écrire ; à peine peut-il parler ; on a dû l'enfermer jusqu'à ce qu'il guérisse, mais on ne sait pas si on pourra jamais en faire un homme tant son vice l'a détruit.

Je tins encore quelque propos de ce genre aux deux enfants, puis j'emmenai mon fils. Le mauvais exemple n'avait certainement pas eu d'effet regrettable sur lui ; en tout cas il n'en subsista rien grâce à mon intervention immédiate. Je n'eus en effet jamais lieu de lui soupçonner la moindre habitude vicieuse, malgré la surveillance la plus active que j'exerçai depuis lors sur sa personne.

A cet âge, je reste persuadé qu'il suffit, dans la plupart des cas, de faire appel à l'amour-propre de l'enfant pour le guérir. D'autre part on ne saurait l'habituer trop tôt à exercer sa volonté, à développer sa force de caractère. Ce qui fait la supériorité des caractères, c'est la faculté de se dominer, de diriger ses instincts au lieu d'être dirigé par eux. C'est là un apprentissage si difficile qu'on a tout à gagner en s'y prenant à l'âge le plus tendre. On apprend au jeune enfant à réfréner ses convoitises, à supporter certaines privations, à reculer la satisfaction de certains besoins ; c'est comme cela qu'on arrive à faire du petit animal qu'est l'homme en naissant, un civilisé. On peut obtenir plus encore par cette méthode appliquée aux poussées malsaines ou précoces de l'instinct sexuel. Le tout est de bien surveiller ses enfants et de ne pas laisser au mal le temps de se développer.

4

Selon la nature, les antécédents de leur enfant, les parents trouveront d'eux-mêmes les variantes à apporter dans le détail de cette méthode. Une chose dont ils ne devraient jamais se départir, c'est la douceur. Les meilleurs résultats sont toujours obtenus, en puériculture, par ce moyen ; on persuade ainsi les enfants qu'on n'a en vue que leur intérêt ; ils ne peuvent manquer de comprendre les raisons qu'on leur donne, étant bien davantage disposés à les écouter. Il ne reste plus qu'à les aider à triompher d'eux-mêmes, — ce qui est peut-être la plus belle victoire qu'un homme puisse remporter.

Il est, bien entendu, des cas où les prescriptions des médecins doivent intervenir. Car l'onanisme prend naissance à tout âge et se développe de mille manières. L'imitation agit tout d'abord, surtout chez les enfants précoces, à l'imagination vive. En ne prenant aucune précaution dans leurs paroles, leurs actes devant leurs enfants, les parents sont souvent les premiers coupables. Par sa nature essentiellement impressionnable, son extrême curiosité, son désir de tout savoir, l'enfant saisit avec avidité tous les moyens d'augmenter la source de ses sensations. Les plus vifs, les mieux doués sont particulièrement disposés à retenir les mauvais exemples. Les écoles, pensionnats, lycées, couvents et séminaires sont des foyers d'initiation onanistique. Les aînés instruisent les plus jeunes et ainsi le mal se répand avec rapidité. Toutes les affections nerveuses comme l'hystérie, l'épilepsie, prédisposent à l'onanisme, de même que les excès onanistiques font naître ces maladies. Dans ces états morbides l'intelligence et la raison étant troublées, l'instinct sexuel se manifeste par des dépravations extrêmes ; on a observé des raffinements inouïs chez les crétins et les dégénérés.

La masturbation affecte directement le système nerveux et par lui les organes de la digestion, de la respiration. Quant à son action sur le cerveau, elle est désastreuse. Ce centre de l'intelligence et de toutes les facultés est bientôt alangui, affaibli, parfois même paralysé. Les effets les plus généraux sont les suivants. Affaiblissement des facultés intellectuelles ; perte de la mémoire, obscurcissement des idées, vertiges, troubles de la vue et de l'ouïe, perte des forces corporelles, tristesse ou neurasthénie, fièvre lente, consomption, boutons au visage : le tout suivi d'impuissance chez les hommes, de pertes blanches chez les femmes. Les fonctions digestives sont profondément troublées et de la constipation ou de la diarrhée, des hémorroïdes, etc., ne tardent pas à se déclarer. Tout dépend évidemment de l'âge auquel on a commencé, des excès commis, de leur genre, de la constitution des individus, de leurs conditions d'existence. Les enfants sont particulièrement frappés par ce vice, les jeunes filles surtout, à cause des efforts solitaires et prolongés qu'elles font pour se procurer des sensations voluptueuses. Devant ces multiples et graves dangers, on comprendra que la surveillance des parents doit s'exercer dès la plus tendre enfance.

Le défaut de propreté des parties génitales suffit à en provoquer la démangeaison, surtout chez les filles. En se grattant, en se frottant pour éteindre le prurit, de tout jeunes enfants découvrent une source de plaisir et recommencent machinalement. Une alimentation irraisonnée devient aussi la cause de l'onanisme. Les aliments doivent être simples, sans épices, inutiles dans le jeune âge. Point de thé ni de café, ni surtout de boissons alcooliques ; très peu ou pas de viande. Tous ces excitants préparent aux enfants comme aux adolescents un sommeil agité, interrompu de rêves, de pollutions, d'érections qui ne tardent pas à être la cause déterminante de la masturbation. Il importe aussi de régler la durée du sommeil ; de 9 à 10 heures à 7 ans, il doit diminuer graduellement jusqu'au chiffre normal de 7 heures dès l'âge de 14 ans. Tous les jeux qui mettent en action les forces physiques sont des plus favorables ; c'est dans des occupations modérées, continues et variées, que résidera la meilleure hygiène préventive des adolescents.

Au premier degré, la masturbation se décèle chez l'enfant par des signes apparents. L'animation du teint disparait pour faire place à une pâleur blafarde ; les yeux perdent leur vivacité et leur brillant, deviennent ternes, languissants, voilés ; le regard n'a plus la même expression d'intelligence ; il tourne à l'indifférence, à l'apathie, à l'hébétude ; les traits s'affaissent, se tirent et la physionomie prend quelque chose d'ennuyé, de préoccupé. A ce changement de la physionomie se joignent la paresse musculaire, la nonchalance, la fatigue après le moindre exercice physique, l'émoussement des facultés intellectuelles, la diminution de la mémoire, les digestions pénibles, les changements inexplicables de caractère : morosité, défiance, irascibilité, mélancolie, goûts solitaires. Telle est la première impression morbide que l'abus du sens génital et la masturbation en particulier impriment à la jeunesse des deux sexes comme à l'âge mûr. A ces signes il convient d'employer une hygiène très active par l'exercice, les distractions, la gymnastique, les bains froids, en occupant sans relâche le corps du malade. Le meilleur moyen de l'empêcher de se livrer à son vice est de le distraire de l'intéresser et l'amuser ; lui ôter l'occasion de ce vice, c'est lui en faire perdre l'habitude. Il faut occuper ces enfants toute la journée ; on arrive en les fatiguant ainsi à obtenir qu'ils dorment dès qu'ils sont au lit.

Au moindre soupçon, la mère ne doit pas hésiter à faire lit commun avec sa fille, comme le père avec son garçon. C'est un moyen infaillible de leur faire comprendre, si l'on veut, sans le dire, que l'on a découvert leur secret et de les empêcher de persévérer dans leur funeste habitude.

III

Jusqu'à présent, nous n'avons eu qu'à nous louer de la façon dont nous avons commencé d'expliquer à notre fils les « mystères » de la génération. Nous l'avons habitué à s'ouvrir à nous sans détour sur ces matières, lesquelles ne l'intriguent pas davantage, au reste, que n'importe quel autre phénomène vital. Nous lui avons épargné ces sottes cachotteries qui contraignent les enfants à rechercher entre eux, plutôt mal que bien, les raisons des choses qu'ils découvrent et font qu'ils se pervertissent mutuellement.

Il va sans dire qu'encouragé par ce résultat, nous n'avons pas hésité à donner à notre petite fille le même enseignement. Toutes les questions que le spectacle de la vie soulève chez les enfants, elle n'a point manqué de les faire à son tour et nous lui avons donné les mêmes réponses qu'à son aîné. Ses sept ans ne réclament pas encore l'enseignement qu'il appartient à sa mère de lui appliquer ; elle assiste donc, malgré son jeune âge, aux démonstrations fournies à son frère et elle en retient toujours quelque chose.

Quant à celui-ci, nous avons l'intention de ne pas attendre l'éveil naturel de l'instinct génésique pour l'éclairer entièrement. Nous désirons qu'arrivé à l'heure trouble qu'est la veille de la puberté, il soit parfaitement habitué à ne faire aucune différence entre les organes sexuels et ceux de la respiration ou de la digestion.

Précisément, l'autre jour Paul regardait avec beaucoup d'intérêt sa mère préparer une poule destinée au repas du soir. Comme nous saisissons toujours avec empressement toutes les occasions de donner une leçon de choses à l'enfant, ma femme en profita pour lui décrire le fonctionnement des principaux organes de la poule et des vertébrés en général. Après le foie, le poumon, les intestins, etc., elle passa tout naturellement aux organes de la reproduction.

— Vois-tu ce chapelet composé de boules d'inégales grosseur, dit ma femme. Ce sont des œufs en formation ; les boules plus petites sont disposées loin de la sortie tandis que la plus grosse est un œuf à peu près complet ; il n'y manque que la coquille.

— Et alors, dit Paul, si la poule avait couvé cet œuf, il en serait sorti un petit poussin ?

— C'est selon ; oui, si les œufs ont été fécondés par le coq, sinon ils sont bons simplement à manger et non pas à faire éclore des petits. Pour donner naissance à un poulet l'œuf doit contenir un germe, et c'est le coq qui l'y dépose. — Tu as déjà vu chez grand'mère le coq sauter sur les poules ?

— Oui ; c'était pour jouer ?

— Non, c'était justement pour déposer un germe de petit poussin dans les œufs de la poule. Le cop est le mâle de la poule, et tu sais qu'il faut un mâle et une femelle pour que les animaux puissent se reproduire. Tu sais aussi que les mammifères ne naissent pas d'un œuf ; ou plutôt il le semble ; en réalité, la chatte, la chienne, la vache, au lieu de couver leurs petits au dehors les couvent en dedans ; cela se passe dans un organe appelé matrice d'où les petits sortent tout vivants. Dans l'œuf des oiseaux est enfermée une substance, — le blanc et le jaune, — qui sert au developpement des oisillons ou des poussins. Chez les mammifères, l'œuf reste attaché au ventre de la femelle qui le nourrit de sa propre vie, de son sang, jusqu'à la naissance de l'animal. Naturellement il faut qu'un mâle, le chien, le chat, le taureau, ait déposé un germe dans le ventre de la chatte, de la vache, etc., tout comme le coq fait à la poule, pour que naissent des petits chats ou des petits veaux. Souviens-toi bien de ceci : tous les êtres vivants, insectes, oiseaux, poissons, quadrupèdes et même les arbres, toutes les plantes, se reproduisent parce qu'il y a toujours des mâles et des femelles, les uns possédant les germes, les autres les œufs ou la matrice.

Je te donnerai des détails sur tout cela un peu plus tard, conclut ma femme.

C'est par ces derniers mots que nous répondons toujours à l'enfant lorsque ses questions nous paraissent dépasser la capacité de son entendement.

A l'école on enseigne maintenant à Paul — il a onze ans, — les notions élémentaires

d'anatomie dont parle son livre d' « Histoire
naturelle ». Cet enseignement va faciliter notre
tâche particulière. Quand il sera plus avancé
dans cette science, nous lui parlerons des
nombreuses exceptions à la règle des deux
sexes séparés que comporte le règne animal
et surtout le règne végétal. Ce n'est guère
qu'alors, pensons-nous, qu'il sera amené à
nous interroger sur la fécondation dans l'espèce humaine ; à ce moment, tout ce qu'il
aura appris sur la sexualité lui permettra
d'accueillir sans trouble nos entretiens com-
plémentaires.

Presque chaque jour, heureusement nous
fournit le motif d'une explication nouvelle.
La vie domestique, notamment celle de la
cuisine, nous offre de nombreux points de
comparaison avec la génération humaine.
Autant de jalons de posés pour aboutir un
jour, sans risque d'aucune sorte, à ce dernier
domaine.

Hier encore, ma femme vidait des maquereaux devant Paul, lorsque l'attention de l'enfant fut attirée par une petite masse blanchâtre contenue dans le ventre du poisson.

— Et cet organe-là, maman, à quoi sert-il ?

— Ce n'est pas un organe, rectifia la mère ;

c'est de la laitance, c'est-à-dire la matière fécondante des poissons, ou, si tu préfères, les germes qu'ils déposent, non pas dans le ventre des femelles, mais sur les œufs que celles-ci pondent au fil de l'eau. Comme tu ne l'ignores pas, les poissons pondent d'énormes quantités d'œufs. Beaucoup sont ainsi perdus, mais la fécondité prodigieuse des femelles compense toutes les pertes et suffit toujours à la conservation de l'espèce. De 50.000 chez le hareng, les œufs, tu dois te le rappeler, s'élèvent à 100.000 chez la carpe ; le maquereau en pond un million et la morue de 3 à 9 millions. Tous ces œufs, réunis en grappes et abandonnés au courant de l'eau attirent le mâle, dont la laite ou laitance est indispensable pour donner naissance à d'autres poissons. (1)

Voici un maquereau femelle. Son ventre, au lieu de laite, contient donc des œufs, ainsi

(1) Chez les poissons, la fécondation est produite sans rapport direct des sexes. Dans quelques espèces pourtant, un certain voisinage, et même le frottement des deux sexes est nécessaire, comme pour indiquer l'action simplement auxiliaire de l'accouplement dans la fécondation. L'accouplement est au contraire très intime et prolongé chez les mollusques hermaphrodites, tandis que ce n'est souvent qu'un simple contact ·chez la plupart des insectes et des oiseaux.

que tu peux le voir ; c'est cette agglomération grisâtre qu'on nomme rogue. Il s'ensuit que tu vas manger des milliers de petits maquereaux en germe, soit avec la laitance, soit avec la rogue.

Si beaucoup d'œufs sont emportés par le courant, si beaucoup d'autres sont avalés par les hommes, les autres poissons, les crustacés ou les insectes, soit séparément, soit en absorbant le poisson en entier, leur résistance est, avec leur grand nombre, une garantie de la perpétuation de l'espèce. Qu'ils soient mis hors de l'eau, desséchés, avalés même par des oiseaux, il suffit de replacer ces œufs dans leur liquide incubateur, c'est-à-dire dans la laitance, pour qu'ils produisent de nouveaux poissons.

Les poissons ne cessent ainsi de se multiplier malgré la guerre opiniâtre qui leur est faite et celle, non moins opiniâtre, qu'ils se font entre eux.

Puisque nous parlons de la génération des poissons, je dois te dire que les grenouilles, crapauds et tortues se reproduisent à peu près de la même manière. Le mâle et la femelle de la grenouille, par exemple, se tiennent serrés l'un contre l'autre, au moyen de petites

ventouses noires qui se développent sur les
pieds de devant du mâle, au moment de la
fécondation. Il se cramponne ainsi sur le dos
de la femelle et reste là une quinzaine de
jours, pendant lesquels il verse de temps en
temps son liquide fécondant sur les œufs,
à mesure qu'ils sortent, sous la forme de cordon, du corps de la femelle. L'incubation et
l'éclosion ont lieu ensuite dans l'eau ; c'est
alors que sortent les petits têtards que tu as
vus bien souvent dans la mare. Dans cette
larve dont la tête forme d'abord la partie
principale, on voit la queue se dessiner, puis
celle-ci tomber et une véritable petite grenouille apparaître. Quelques crapauds portent pourtant leurs œufs sur le dos jusqu'à
leur éclosion, comme les crustacés.

Mais il y a des particularités bien plus
curieuses encore chez les insectes et les mollusques. Chez presque tous les insectes, le
mâle est plus petit que la femelle, le mâle
de l'araignée particulièrement. Aussi, il faut
voir avec quelle prudence celui-ci approche
l'araignée femelle ; elle est si grosse, lui si
petit ! Pour peu qu'elle aie faim, il risque
fort d'être dévoré ; et c'est ce qui arrive assez
souvent. Leur accouplement, il faut le dire,

est plus intime que chez les autres insectes. Les araignées s'enlacent à l'aide de leurs bras terminés par un bouton ; ce bouton s'ouvre chez le mâle, qui va ainsi en porter le contenu sous le ventre de la femelle pour la féconder. Une chose non moins digne de remarque, c'est la tendresse maternelle, si développée chez l'araignée. Dans certaines espèces, elle ne se contente pas de porter ses œufs ; elle garde ses petits sur son dos et les nourrit, ou bien elle les fait marcher en les retenant par un fil, comme une maman fait pour un enfant à la lisière ! S'il y a un danger, elle tire le fil et le petit saute sur elle ; si elle ne peut le faire, elle aime mieux périr. On en a vu, qui, pour ne pas abandonner leurs petits, se laissaient engloutir dans la gueule du fourmillier.

Tu le vois, il n'y a pas d'histoires plus merveilleuses que les mœurs des insectes, et même de tous les animaux en général. Je t'ai parlé quelquefois des métamorphoses de la grenouille, du papillon, du ver à soie, en appelant ton attention sur ce fait que tous les insectes pondent des œufs, d'où sort une larve qui devient chenille, mouche, papillon, fourmi, etc. Il y a cependant des exceptions.

Les pucerons, par exemple, naissent tout vivants, et, chose plus extraordinaire encore, si l'on presse un de ces pucerons, dès sa naissance même, il en sortira, par l'anus, un nombre variable d'embryons avec des ailes ; car les pucerons qui naissent vivants sont des femelles, lesquelles engendrent sans fécondation des femelles ; à l'automne seulement les mâles les fécondent ; alors elles pondent des œufs qui donnent naissance à des mâles sans ailes et à des femelles ailées. Ce qui semble incroyable, c'est qu'un puceron, après avoir donné naissance à d'autres pucerons, ceux-ci peuvent en engendrer de nouveaux, et ainsi de suite jusqu'à douze générations ! Filles, petites filles, arrières-petites fille sont engendrées par le même père !

Et maintenant, mon petit Paul, en voilà assez pour aujourd'hui.

IV

**Les fonctions génésiques des plan-
tes. — L'œuf de la poule et les
organes générateurs dans l'espèce humaine. — Les grands
mots sont lâchés ϒ ϒ ϒ ϒ ϒ**

Comme nous remuions des souvenirs d'enfance, ma femme et moi, l'autre soir, nous
vînmes à parler d'initiation sexuelle. Je dus
confesser que cette initiation remontait chez
moi — en paroles — à un âge très tendre, et que
cela s'était passé de façon fort brutale. La
nature m'avait doué heureusement d'un grand
fonds d'idéalisme ; ces propos ne purent l'en-
tamer ; s'il en avait été autrement, quel mauvais sujet j'eusse pu devenir !

J'avais neuf ans. Mes parents avaient dû
changer de localité. Certain jeudi, voilà que
mes nouveaux compagnons de jeu, des ga-
lopins de dix et onze ans, s'avisent d'aller
musarder... au quartier des filles publiques.

Tout simplement. Je les suivis machinalement. Il faisait très chaud ; les filles se pré-
lassaient, en peignoirs lâches, sur le pas de
leurs portes. Sournoisement, mes petits camarades les examinaient en passant au seul endroit qui eût de l'intérêt pour eux, à la place
du sexe. Avec la belle hâblerie de l'enfance,
deux d'entre nous affirmèrent en avoir vu
un, par une déchirure dont leur imagination
fit, bien entendu, tous les frais.

De là des descriptions, très sommaires sans
doute, mais avec quelle crudité dans les termes ! Chacun dit ensuite ce qu'il croyait savoir
des fonctions génésiques ; peu de chose encore
il est vrai ; assez, cependant, pour enfièvrer
de jeunes cervelles et produire toutes sortes
de ravages.

— Des initiations aussi précoces sont loin
d'être rares, poursuivis-je ; même si elles
avaient toujours lieu un peu plus tard, je
suis d'avis qu'on doit les prévenir. Paul aura
bientôt douze ans. Son tempérament nerveux,
son imagination vive, nous font un devoir
de combattre ou de prévenir les propos per-
vertisseurs de ses camarades d'école, par la
meilleure des méthodes : en l'instruisant nous-
mêmes. L'heure est venue, je crois, d'aborder

la question des organes sexuels dans l'espèce humaine.

— Ne vaut-il pas mieux attendre que l'instinct sexuel ait parlé, d'une manière ou d'une autre, dit ma femme.

— Non, répondis-je, parce qu'à son âge il n'attachera pas plus d'intérêt aux fonctions de la génération qu'à celles de la nutrition ou de la circulation. Dans quelques années, ces connaissances se recouvriront naturellement de toute la poésie, de toute l'exaltation sentimentale dont se pare l'attrait des sexes. La crise de la puberté se passera ainsi chez lui avec le minimum de troubles dont les adolescents sont assaillis.

— Une explication scientifique, reprit ma femme, peut n'être pas moins brutale qu'une autre si elle manque de préparation. Il me semble que notre enfant ne possède encore que des notions fort vagues sur les organes de la génération chez les plantes. En les lui expliquant à fond, ou du moins aussi à fond qu'il pourra le comprendre, il ne risquera pas d'être choqué par l'explication suivante.

— C'est bien mon avis, dis-je. Notre premier soin dès aujourd'hui sera donc de compléter ses notions sur les plantes.

Quelques jours plus tard, Paul repassait une leçon dans son livre d'Histoire naturelle. J'en profitai pour lui poser quelques questions préliminaires. — Que sais-tu de la plante, lui dis-je.

— Toutes les plantes sont composées d'une racine d'une tige, de feuilles et de fleurs.

— Bien. Et comment se reproduisent-elles ?

— Au moyen de graines, de pépins ou de noyaux.

— Oui, c'est bien ainsi, en général. Tu te rappelles la façon dont les oiseaux, les insectes et les poissons se reproduisent. (Et je lui résumai ce que nous avions dit précédemment). Voyons ce haricot à présent. Tu remarques cette ligne qui divise le haricot en deux ; ouvre-le par là. Bien. Chaque morceau forme ce qu'on appelle un cotylédon. Entre eux est un petit germe que tu vois là ; eh bien, c'est de ce germe que naîtra une plante de haricot. Le haricot est en réalité un œuf, — un œuf végétal.

— Un œuf ! s'exclama Paul. Un œuf comme ceux des poules et des poissons ?

— Mais oui. Et de même qu'il a fallu un mâle (coq ou poisson mâle) pour féconder les œufs de poule ou de hareng, de même il a fallu un haricot mâle pour mettre un germe dans l'œuf qu'est un haricot complet. Nous n'avons pas de plante de haricot sous la main, mais regarde ce rosier sur la fenêtre ; par lui tu comprendras comment se reproduisent la plupart des plantes.

C'est un rosier à fleurs simples, un vulgaire rosier des bois. Sa fleur se compose de cinq feuilles roses qu'on nomme des pétales ;

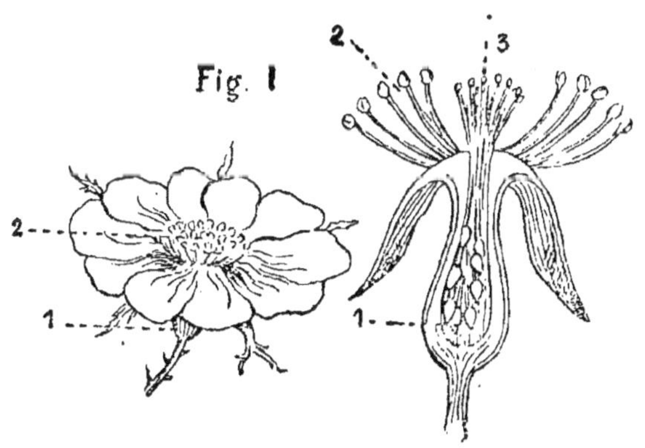

Rose des bois.

Rose des bois coupée longitudinalement.

1. Ovaire.
2. Étamines.

1. Ovaire et ovules (organe femelle).
— 2. Étamines (organes mâles). 3. — Style et stigmate.

au milieu sont des fils déliés supportant de petites masses jaunes : ce sont les étamines ou l'organe mâle ; ces fils entourent une sorte de petit œuf vert qu'on appelle ovaire : c'est l'organe femelle, qui contient les graines tout comme le ventre des poissons, des insectes ou des animaux. Car les graines sont des œufs que les plantes laissent couver à la terre et au soleil, ainsi que font les tortues et les lezards, lesquels, — tu te rappelles ? — enterrent leurs œufs dans le sable.

La petite masse, nommée anthère, qui surmonte les étamines, est chargée d'une fine poussière jaune nommée pollen. C'est cette poussière que les abeilles viennent sucer pour composer leur miel. Toute poussière est composée, tu le sais, d'une infinité de grains minuscules ; or, chaque grain de celle-ci est une outre dans laquelle se trouve une autre poussière bien plus fine encore, destinée à féconder les graines, et voici comment.

L'ovaire, qui contient les graines, est surmonté comme tu peux voir d'une petite surface moussue, ou stigmate, ainsi disposée pour retenir le pollen ; et c'est l'ensemble de ces organes : stigmate et ovaire, qu'on nomme pistil. Le pistil est entouré à la base d'un calice, composé de cinq feuilles, tout comme les étamines sont entourées d'une corolle.

Au moment de la floraison, lorsque les fleurs en s'épanouissant découvrent leurs étamines et leur ovaire, on voit les anthères, jusqu'alors parfaitement closes, entr'ouvrir leurs outres et le pollen se répandre sur le stigmate. Celui-ci est recouvert, à cette époque, d'un enduit légèrement visqueux ; bientôt, chaque grain de pollen en contact avec la surface humide de l'organe femelle, se gonfle et se ramollit ; puis sa membrane externe se déchire et livre passage à la membrane interne — le tout assez microscopique, tu penses bien — qui s'allonge en un tube dont l'extrémité libre s'engage entre les cellules du stigmate. Ce tube, nommé pollinique, pénètre ensuite dans l'ovaire où il rencontre les ovules, c'est-à-dire les graines contenues dans l'ovaire.

Une fois le pistil fécondé, les feuilles de la rose se fanent et tombent une à une. Les étamines se dessèchent et disparaissent. L'ovaire grossit et devient un fruit oblong de la forme d'une olive, vert d'abord, puis jaune, puis orange, puis écarlate ; enfin un jour le fruit se déchire et des graines, couleur d'or, renfermant d'éternelles générations de rosiers tombent sur la terre où elles doivent germer.

Eh bien, ce qui se passe pour le rosier a lieu à peu près pour toutes les plantes. A la place d'une baie rouge, la fécondation donne une gousse de pois, de haricot, ou un fruit, pomme, poire, cerise, etc. C'est qu'en somme tout ce qui vit sort d'un œuf. Apparent chez les oiseaux ou les poissons, renfermé dans le ventre des mammifères ; entouré d'une coquille, d'une membrane, de la chair d'un fruit ou d'un cotylédon, c'est toujours un œuf.

Je te disais que la reproduction, dans le règne végétal, se passe en général comme chez ce rosier. Il y a en effet de nombreuses variantes. Le rosier est une plante dite hermaphrodite parce que ses fleurs réunissent les deux sexes, le sexe mâle et le sexe femelle sous forme d'étamine et de pistil. Mais chez certaines plantes ces organes sont séparés et placés sur des fleurs différentes. Et ces plantes sont encore divisées en plantes monoïques, dioïques et polygames. Chez les espèces monoïques les fleurs qui possèdent, l'une le pistil, l'autre les étamines, ne trouvent sur la même tige. Pour les plantes dioïques, les fleurs mâles et les fleurs femelles sont sur des pieds différents et parfois très éloignés les uns des autres. Enfin les espèces polygames (ce qui veut dire plusieurs époux) portent à la fois des fleurs mâles, des fleurs femelles et des fleurs hermaphrodites réunies sur la même plante ou disposées sur des pieds différents, comme par exemple le frêne et la pariétaire.

Tu vas te demander comment se fait la fécondation lorsque les sexes sont ainsi séparés. Les plantes n'étant pas douées de locomotion, leurs fleurs ne peuvent se rapprocher l'une de l'autre ; mais qu'à cela ne tienne ; la nature a tout prévu et les vents, ou, à défaut, les mouches, les papillons, les abeilles, se chargeront sans s'en douter de transporter la poussière fécondante en se posant d'une fleur à l'autre.

Quelques plantes monoïques comme la valisnérie sont, il est vrai, douées de mouvement ; si extraordinaire que cela paraisse, la fleur femelle se rapproche de la fleur mâle à l'époque de la fécondation.

Mais je t'expliquerai cela une autre fois, en te signalant bien d'autres particularités encore dans le monde des plantes comme dans celui des zoophytes ou des animacules.

Emerveillé, Paul ne disait plus mot. Plein de ces choses prodigieuses que la nature découvre à ceux qui l'aiment et l'étudient, son jeune cerveau avait peine à classer, je le voyais bien, toutes ces matières nouvelles.

Aussi ne fut-ce que le lendemain que l'enfant en vint à me poser, à brûle-pourpoint, cette question depuis longtemps prévue :

— Alors, papa, moi aussi et Louisette, et maman et toi-même, nous sortons tous d'un œuf ?

— Mais sans doute, fis-je sur un ton qui signifiait que c'était la chose la plus naturelle du monde. Sans doute, puisque c'est la règle dans la nature animée.

Tu vas comprendre. Prenons cet œuf de poule, par exemple. Cassons-le. Ceci fait, regarde. Comme tous les œufs des oiseaux celui-ci est composé de trois parties : le jaune le blanc et l'enveloppe calcaire, la coquille, qui est recouverte à l'intérieur d'une membrane ou pellicule, très adhérente. Au-dessous de cette membrane, sur un point de la surface du jaune, est un petit disque blanchâtre : c'est la partie la plus importante de l'œuf, c'est le germe, ou l'embryon du poussin, et toutes les autres portions de l'œuf servent à son développement.

Dès que l'œuf est soumis à l'incubation, on voit apparaître sur le petit disque de fines lignes rouges, lesquelles sont des vaisseaux venant aboutir au centre commun, qui n'est autre chose qu'un rudiment de cœur, le cœur étant le premier organe formé chez les oiseaux comme chez l'homme. Bientôt ces vaisseaux s'étendent, enveloppent de toutes parts la membrane que je t'ai montrée afin de

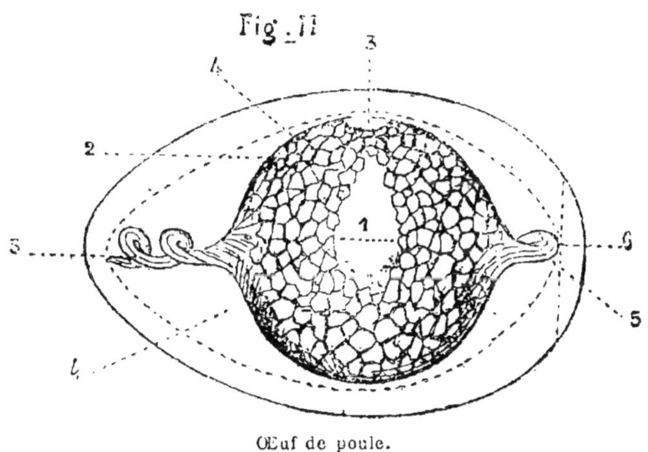

Œuf de poule.

1. Jaune. — 2. Membrane vitelline entourant le jaune. — 3. Germe.
4, 4. Blanc ou albumine. — 5, 5. Ligaments. — 6. Chambre à air.

mettre l'embryon en contact avec le blanc et le jaune, qui lui fournissent les matières nécessaires à sa formation. Peu à peu la tête s'arrondit, les yeux se dessinent, les membres se développent. Dès la vingt-sixième heure de l'incubation, on peut distinguer, au moyen d'un appareil, les battements du cœur !

A mesure que les différents organes s'accroissent, le blanc de l'œuf diminue et finit par être absorbé. Quant au jaune, il est attiré petit à petit dans le corps du jeune animal et il n'en reste plus rien au moment où celui-ci est prêt à éclore. Dès le septième jour, l'œuf est à peu près transformé en un poulet qui, brisant sa coquille par l'augmentation même de son volume, se montre vivant dès le vingt et unième jour.

Mais pour que ces phénomènes s'accomplissent, il faut que l'œuf soit soumis tout le temps à une température de 30 à 35 degrés, et c'est pour cela que les femelles des oiseaux couvent leurs œufs. Chez les mammifères, les petits sont nourris et couvés dans le ventre même de la femelle au moyen d'un organe appelé matrice.

Il y a à cette règle quelques exceptions. Ainsi les couleuvres, les vipères, les pucerons, les crustacés naissent tout vivants. Tous les poissons ne se forment pas non plus au dehors ; les cétacés, tu ne l'ignores pas (baleine, dauphin), sont des mammifères. Et les femelles de tous les mammifères sont pourvues, intérieurement, d'un sac ou réservoir spécial, la matrice, qui sert à l'incubation de l'ovule fécondé ; car les animaux naissent aussi d'un œuf, ou ovule, enfermé dans le corps de la femelle comme les graines dans l'ovaire des plantes, je te l'ai déjà dit.

Rappelle-toi le ventre de la poule. Je t'ai fait remarquer un canal contenant les œufs non fécondés. Eh bien, c'est la même chose dans le pistil des plantes, dans le corps des insectes et dans celui des animaux. Si l'œuf n'est pas fécondé par un mâle, anthère, coq, chat, etc., cet œuf, privé de germe, ne donnera naissance à rien. Chez les animaux, il faut donc qu'il soit fécondé et ensuite couvé, pendant longtemps, dans le ventre de la femelle; c'est pour cette dernière raison que les animaux aiment si fort leurs petits, qu'ils prennent tant de soin d'eux et les défendent au péril de leur vie. Les poissons, eux, n'ont pas besoin de se soucier de leur progéniture puisqu'elle peut vivre sans père ni mère.

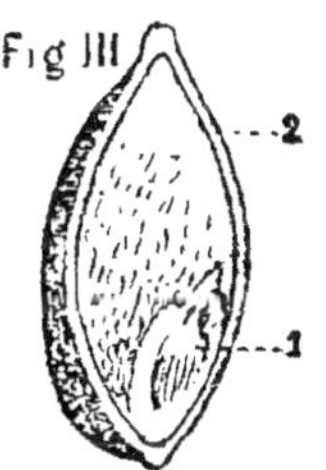

Œuf végétal.
(Grain de blé, coupe verticale).
1. Embryon.
2. Périsperme ou jaune végétal.

Quant aux pères et aux mères de l'espèce humaine, leurs enfants ont si longtemps besoin d'eux qu'ils les aiment infiniment plus que les parents des jeunes animaux. Non seulement maman t'a couvé dans son ventre quand tu étais comme ce jaune d'œuf — car tu as été ainsi ! — non seulement elle t'a allaité quand tu es né, puis soigné, appris à parler, à marcher et ainsi de suite. Mais encore j'ai dû travailler, moi, pour t'apporter des vêtements, des jouets, du pain, tout ce dont tu as besoin. Tu vois qu'il faut t'aimer pour faire tout cela.

— Oh, oui, dit Paul, le cœur tout remué, comme on pouvait le voir à ses yeux humides d'une larme naissante.

Nous l'embrassâmes. L'enfant vint sur mes genoux, et c'est ainsi, tendrement, chastement, que j'achevai l'explication commencée.

Ayant demandé à sa mère l'ouvrage de prophylaxie sexuelle que nous possédons :

— Que dit-on du bassin, dans ton livre d'Histoire naturelle, demandai-je à mon fils.

— Qu'il renferme une partie des intestins, répondit Paul.

— Oui, mais ce n'est pas tout. Il faut bien qu'il contienne des œufs ou des germes, puisque le genre humain fait partie du règne animal, comme tu sais. Les femelles des animaux, les mères chattes, les mères lapines, etc., ont les œufs, et les mâles, les pères chats, les pères lapins, ont les germes. De même pour les papas et les mamans. Sinon, comment se reproduiraient-ils ?

— Mais, papa, dit l'enfant, tous les petits garçons croient qu'ils sont nés dans un chou. Sont-ils godiches, hein ?

Fig IV

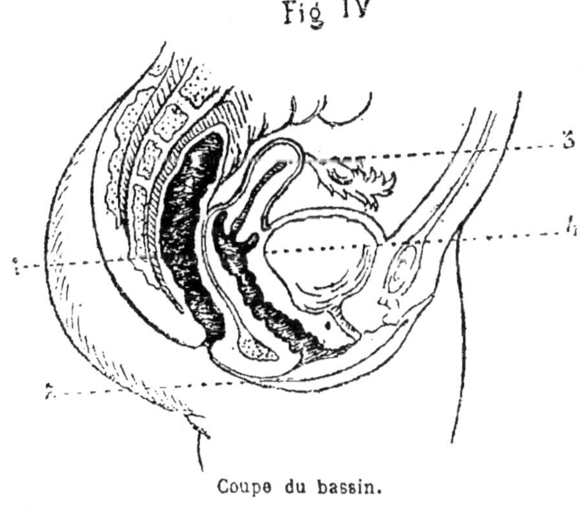

Coupe du bassin.

1. Scrotum. — 2. Ouverture du canal maternel ou vagin.
3. Ovaire et organe maternel ou matrice. — 4. Vessie.

— Non, mais leurs parents les ont trompés et ce n'est pas bien. Vois cette gravure ; c'est le bassin d'une maman. Il renferme des organes aussi merveilleusement agencés que ceux de la digestion avec les dents, les glandes salivaires, l'estomac, le foie, les intestins, etc. Car c'est une merveilleuse machine que le corps humain, et on ne l'admire, on ne l'étudie jamais assez. Voici la vessie qui contient les urines ; voici l'un des ovaires — il y en a deux, — le petit sac où se trouvent les œufs humains qu'on appelle ovules, c'est-à-dire petit œuf ; à côté est un sac plus grand qu'on nomme matrice ou utérus ; c'est là que l'œuf, lorsqu'il est fécondé se développe à la manière d'un poulet pour donner naissance à un petit enfant.

Voici maintenant un bassin de papa, avec la vessie également ; là est un autre petit sac contenant les germes, puis un canal par où ils s'échappent, quand il y a lieu, pour aller rencontrer l'ovule maternel. N'est-ce pas. que tu aimes mieux être né d'un germe de moi et d'un œuf de maman, que d'un vulgaire chou ?

— Oh, beaucoup, beaucoup mieux, fit Paul, avec toute la chaleureuse conviction que lui dictait sa tendresse pour nous.

Ces généralités pouvaient suffire ; mais pour bien montrer à l'enfant que les personnes ne diffèrent pas essentiellement des animaux ni même des plantes, et qu'il n'y a pas moins d'intérêt, ni plus de honte à connaître comment fonctionnent les divers organes des uns et des autres, ceux de la circulation comme ceux de la génération, je continuai :

— Quand un papa et une maman veulent avoir un enfant, ils font à peu près comme les plantes, les poissons, les oiseaux et les quadrupèdes : ils mettent en communication un organe avec l'autre, celui des germes avec celui des ovules ; le pollen du papa contient un grand nombre de petits germes, appelés spermatozoïdes ou spermatozoaires, qui s'en vont à la rencontre de l'ovule ; le premier arrivé entre ; l'œuf se referme et reste fixé dans la matrice où l'enfant doit se former tout entier.

A partir de ce moment l'œuf fécondé se développe en effet comme je t'ai montré pour le poisson, avec cette différence qu'au lieu de se former sous l'aile de sa mère, le petit enfant se fait peu à peu dans le ventre de la maman et que, quand il nait, celle-ci lui donne à téter.

— Alors, questionna Paul après un instant de réflexion, alors moi je suis un papa et Louisette une maman.

— Pas encore, dit ma femme en riant. Plus tard, beaucoup plus tard, quand vous serez grands comme papa et moi... Là-dessus, allons nous coucher.

V

L'attrait sexuel. — La génération poétisée par l'observation des plantes ❊ ❊ ❊ ❊ ❊ ❊ ❊ ❊

Notre fils lit beaucoup. Aux ouvrages scolaires et aux récits de voyage ont succédé les romans, je veux dire certaïns romans, car il a toujours soin de me consulter sur le choix de ses lectures. Il sait qu'il a en moi un ami plus âgé, son meilleur ami. Il me fait part de ses aspirations, de ses sentiments avec la plus grande franchise ; sa confiance en moi est entière ; au reste, je ne néglige rien pour la justifier. Je fais tout ce qu'il faut pour le persuader qu'il n'a pas en moi un de ces « vieux » bons surtout à morigéner et à commander, ainsi que sont représentés aux yeux des enfants la plupart des pères. Dans le sien, Paul voit un conseiller et un guide aussi serviable que désintéressé ; il suffit donc que je l'engage à remettre à plus tard la lecture de romans, un peu forts pour son âge, que tels de ses camarades ont lu, pour qu'il se règle sans arrière-pensée sur mon avis.

Des œuvres comme *Paul et Virginie* l'émeuvent beaucoup. Il sent toute la délicatesse des amours aussi pures que celles-là et s'il en entrevoit de tout autres, c'est à travers l'idée d'un état morbide, d'une folie particulière propre aux natures violentes, telles qu'en montre l'Histoire : Henri VIII, Catherine de Russie, Jeanne de Naples, etc. Il n'a pas encore la notion de l'amour sexuel. L'amour conjugal est pour lui un sentiment très pur et noble, même dans les actes nécessaires à la conservation de l'espèce puisqu'il les sait pareils, au fond, pour tous les êtres, depuis la plante jusqu'à l'homme.

Il soupçonne bien qu'un attrait sexuel pousse les jeunes gens à la recherche des femmes de toutes catégories, mais cela lui semble vilain et il est persuadé qu'il faut être frappé d'une certaine aberration pour en arriver là.

Si nous constatons avec plaisir ces excellentes dispositions d'esprit que montre notre enfant, nous n'en craignons pas moins l'heure critique de la puberté. Elle ne peut tarder d'ailleurs, car Paul vient d'atteindre quatorze ans. Un commencement de transformation s'opère en lui ; il grandit, sa voix mue, il n'est plus joueur comme autrefois et a cessé d'être le partenaire de sa sœur ; depuis longtemps déjà, les fillettes de son âge ne lui apparaissent guère comme des camarades de jeu ; il voit plutôt en elles de petites héroïnes de romans chevaleresques. Il n'éprouve aucune honte à se montrer nu dans son tub, même à sa sœur, qui va sur ses dix ans ; il estime seulement que ce ne sont là des soins intimes qui ne regardent que lui et il s'enferme pour prendre son bain.

Quant à notre fillette, une pudeur naturelle de même sorte lui est venue ; elle ne demande plus à se baigner avec son frère. C'est toujours en sa présence que nous avons donné à l'aîné les explications qu'il demandait ; elle en a retenu ce qu'elle a pu, mais nous les recommencerons pour son usage, sans y rien changer, du moins jusqu'au point où nous en sommes.

On vient de le voir, on le verra mieux encore par la suite, nous instruisons nos enfants des choses de la sexualité en termes assez heureux pour leur inculquer des sentiments élevés ; mais il n'est pas en notre pouvoir de les soustraire, l'aîné surtout, au contact pernicieux de certains camarades.

Beaucoup d'adolescents, il est vrai, ne voient dans la femme que l'instrument d'un plaisir brutal, tandis que notre Paul respecte infiniment en elle l'être gracieux, fait de dévouement et de délicatesse et se persuade qu'elle est d'essence supérieure ou presque. Malgré les propos très crus de ses camarades, il persiste à voir le corps de la femme en général à travers ses sentiments personnels ; aussi, sans s'effaroucher avec ostentation des grossièretés, des grivoiseries dont la femme est l'objet. il n'y participe jamais. Nous ne voulons pas néanmoins nous bercer d'illusions : les désirs sexuels qu'accompagnent ou suivent la crise de la puberté, pourraient fort bien bouleverser tout cela.

En conséquence nous tenons à lui montrer que l'attrait sexuel est une loi générale de la nature, manifeste dans toute l'échelle des êtres animés. L'homme y est soumis, dès l'âge de la puberté, comme tous les mammifères, dont il est ; mais, en tant qu'animal supérieur, cet

attrait doit prendre chez lui, s'il veut justifier ce titre d'animal supérieur, une tournure
un peu différente.

J'avais conseillé à mon fils la lecture du
Voyage autour de mon jardin, d'Alphonse
Karr, un charmant petit ouvrage où les relations sexuelles des insectes et des plantes sont
présentées sous un jour poétique, propre à
maintenir l'esprit de l'enfant dans une conception élevée de la génération tout entière.

— Eh bien, lui ai-je dit tout à l'heure, où
en es-tu du « Voyage autour de mon jardin » ?

— Oh ! s'écria Paul, je l'ai lu, mais avec
tant de hâte que je le relis à présent ; il
y a de si beaux passages.... Ça me passionne
davantage, je t'assure, que les contes de fées
lorsque j'étais petit.

— Quoi de plus féerique, dis-je, que la
vie des insectes, quand on l'étudie d'un peu
près ; c'est tout un monde de merveilles où
l'on marche à chaque pas d'étonnement en
étonnement ; leurs organisations, celles des
abeilles et des fourmis, par exemple, les res-
sources prodigieuses qu'ils puisent dans leur
instinct, nous remplissent d'admiration. Mais
tu as appris cela en grande partie ; ce qui a

dû te stupéfier c'est la façon si diverse et extraordinaire souvent, dont la génération s'accomplit chez eux.

— Oh, oui, dit Paul. Te rappelles-tu la passage où il est question d'une gallinsecte ? Je vais te le lire... Et l'enfant, après avoir feuilleté le livre me cita les lignes suivantes :

« Nous trouvons sur une branche de pêcher une tubérosité qui semble être une galle de l'arbre produite par les piqûres de quelqu'insecte. C'est un insecte parfaitement vivant, qu'on appelle ophrys-mouche. Quand elle est devenue grosse comme une lentille, il survient on ne sait d'où, une petite mouche d'un rouge foncé avec deux ailes longues deux fois comme son corps ; ces ailes sont d'un blanc opaque et ornées sur le côté extérieur d'une bande de riche carmin. Ces petites mouches sont les mâles des tubérosités animées, appelées gallinsectes. Pendant que le mâle, petit, coquet, richement paré de pourpre, vole au hasard, la femelle à peine vivante, prise pour une galle de l'arbre, pour le gonflement d'une feuille ou d'une branche, reste immobile et attend son époux. Le dit époux, qui est singulièrement petit, relativement à la gallinsecte, se promène sur elle, la parcourt en tous sens, — car elle est pour lui un terrain assez vaste — l'examine du nord au sud, de l'est à l'ouest ; ce n'est que lorsqu'il est fatigué de parcourir l'objet aimé qu'il risque positivement l'aveu de sa flamme ; après quoi il fait encore un ou deux tours de son amante, puis il s'envole. L'épouse, de ce moment, ne songe plus qu'à la nombreuse famille qu'elle doit mettre au jour : deux mille enfants environ ; elle commence à pondre et les œufs viennent tous enveloppés d'une sorte de coton. Alors la gallinsecte change de forme, son ventre s'aplatit et vient en s'amaigrissant rejoindre son dos, ce qui établit sous elle un espace creux où sont ses œufs. Son dos durcit, la gallinsecte se dessèche et meurt, et devient une maison pour ses petits. »

— Et les plantes ! reprit l'enfant, te rappelles-tu cet autre passage :

« La nigelle de Damas est une fleur d'un beau bleu pâle, qui s'épanouit toute enveloppée d'un feuillage vert, découpé aussi finement que des cheveux, ce qui lui a fait donner le nom de Cheveux de Vénus. Quand arrive la saison des amours, l'épouse, entourée de plus d'une douzaine d'époux, entre ces belles courtines de soie bleue et de gaze verte, vous paraîtrait devoir être un peu embarrassée : elle est plus haute qu'eux, leurs caresses ne semblent pas pouvoir l'atteindre. Triste grandeur, ennuyeuse élévation ! Mais l'amour est ingénieux.

« Les fleurs de la *rue* sont à peu près dans la même position ; mais elles n'ont cependant à triompher que d'une difficulté : les étamines, les amants, ne sont qu'abaissés et éloignés de l'amante, ils se redressent vers elle et retombent ensuite.

« La petite nymphe qui habite la nigelle a moins de dignité. D'ailleurs, elle pourrait attendre toujours, elle verrait ses amants se flétrir et succomber sans qu'ils aient pu lui témoigner autre chose qu'un amour respectueux : ce n'est pas leur position, mais leur taille, qui les empêche d'arriver à elles. Elle attendrait bien si l'on pouvait venir, mais elle sait que sa superbe indifférence serait prise au mot.

« A la cour, les princesses font inviter les hommes à danser, tandis que ceux ci invitent les autres femmes. Les reines et les impératrices qui se sont permis d'avoir des amants, ont dû descendre les quelques marches de leur trône que l'amour n'osait franchir. C'est ce que fait la nymphe de la nigelle.

« Ses amants empressés s'élèvent en vain vers elle, ils n'arrivent qu'aux deux tiers des cinq pointes qui la terminent. D'abord elle paraît ne point se soucier de leurs efforts : c'est quelle sait que le moment des noces n'est point arrivé. Les anthères, ces petites masses qui portent le pollen, deviennent d'un jaune pâle, de vertes qu'elles étaient. Il faut croire qu'elle les trouve ainsi plus beaux ou plus touchants, car, à ce moment, elle abaisse ses cinq bras vers ses amants.

« Puis son riche vêtement bleu se flétrit et tombe, et en même temps disparaissent les amants. Seul au milieu de sa chevelure verte, l'ovaire grossit et devient une sorte de capsule d'un vert brun dans laquelle sont renfermées les graines qui doivent reproduire la plante. »

— Et la valisnérie ! continuait Paul : « Elle n'a pas, comme le nénufar, l'amante et l'amant réunis dans la même corolle ; ils sont sur des fleurs différentes, comme nous l'avons déjà vu à l'égard d'autres plantes ; mais ici la séparation paraît plus cruelle et plus invincible ; les fleurs femelles sont placées sur un

long pédoncule en spirale, au moyen duquel
elles viennent s'épanouir comme celles des
nénufars à la surface de l'eau, tandis que les
fleurs mâles sont retenues au fond et à une
grande profondeur, par un pédoncule très
court. Mais, à un moment donné, la fleur
mâle se détache, monte libre à la surface,
prodigue ses caresses aux amantes qui l'attendent, puis se laisse entraîner par le courant.
La fleur femelle fécondée redescend sous l'eau.
et va y mûrir et semer le fruit de ses amours. »

Je n'ajoutai rien à la lecture de mon fils ;
il me suffisait d'avoir ouvert devant son esprit
un monde de merveilles insoupçonné de la
plupart des adolescents et même des adultes.
Un nouveau classement ne tarderait pas à se
faire de soi-même, le goût des sciences naturelles étant désormais inculqué à l'enfant.
Le point capital était atteint ; je veux dire que
notre enseignement, naguère encore un peu
abstrait, se colorait à présent, grâce aux bons
auteurs, des fraîches couleurs de la vie.

Tout, dans la vie, tourne autour de l'amour.
Dans la société, à part les rares hommes
d'action qui agissent pour l'action même, chacun fait effort pour l'argent ou pour la gloire

avec l'arrière-pensée de l'amour. Le Génie de l'Espèce, comme disait Schopenhauer, est embusqué au coin de toute entreprise. Les romanciers — ceux qui écrivent bien, les autres ne comptent pas, — interprètent puissamment la vie avec leur tempérament plutôt qu'ils ne la montrent ; par là ils risquent de déformer le caractère de l'adolescent, car l'adolescent apprend la vie dans les romans.

Il importe donc au plus haut point que les jeunes gens regardent la vie en compagnie de ses observateurs directs, les naturalistes — ou leurs vulgarisateurs. De nos jours, il est d'exquis compagnons de ce genre. Nous avons cité Alphonse Karr. Michelet, Fabre, Maeterlinck, Rémy de Gourmont, ont écrit sur les insectes avec un charme d'expression, une beauté de forme incomparables.

Mais tout ce lyrisme et toute cette poésie ne s'appliquent pas qu'aux suavités de l'amour. La lutte pour la vie, dont la reproduction est le but, est dépeinte, dans ces ouvrages, avec toute l'horreur de la vérité. L'amour présente des côtés tragiques, dans la nature même, que nous nous attachons à faire ressortir aux yeux de Paul, afin qu'il se rende compte de la gravité des fonctions sexuelles. Les relations

de sexe à sexe, chez les hommes, se compli-
quent de tout l'importance de la vie sociale ;
on ne saurait trop tôt, selon nous, avertir les
jeunes gens des responsabilités qui s'ensuivent. C'est à cette partie de l'initiation sexuelle
que nous allons nous attacher dorénavant.

Il y aurait bien moins de douleurs et de
crimes dans le monde, si chacun prenait de
bonne heure conscience de la répercussion que
peuvent avoir ses actes, en matière d'amour,
principalement. Nous voulons que notre enfant
possède cette conscience.

Non que nous désirions en faire un être
parfait, un altruiste avant tout préoccupé du
bonheur des autres. C'est de son bonheur
propre que nous avons souci. Mais nous
savons qu'en l'assurant, autant que possible,
par des voies nobles, nous risquerons beaucoup
de ne point le voir attenter au bonheur de
ses semblables.

«La pureté et la perfection qu'exigent les
moralistes sévères, dit le docteur Nystrom, (1)
revient souvent, sinon toujours, à l'étouffe-
ment complet de tous les besoins et senti-

(1) *La vie sexuelle et ses lois* par le Dr Anton Nystrom. Vigot
frères, Paris, 1910.

ments égoïstes, bien que ceux-ci soient nécessaires à l'existence de l'individu et *constituent le ressort de toute activité humaine.* »

« Cette perfection, avait déjà écrit M. Maeterlinck, tend à supprimer les désirs trop ardents, l'ambition, l'orgueil, la vanité, l'égoïsme, l'appétit des jouissances, en un mot toutes les passions humaines, c'est-à-dire tout ce qui constitue notre force vitale primitive, le fond même que rien ne peut remplacer. » Et plus loin : « Il y a des fautes nécessaires à notre existence et à notre caractère. Beaucoup de nos défauts sont les racines mêmes de nos mérites. »

« Les sensations de plaisir et de déplaisir jouent le plus grand rôle dans la vie mentale aussi bien que physique de l'homme. Les sensations agréables expriment physiologiquement ce qu'on appelle le plaisir. Toute l'activité mentale s'en trouve comme excitée ; toutes les fonctions du corps. la digestion, le jeu des muscles, etc., se font plus vivement pour le plus grand bien de la santé, de la force, de la joie de vivre et de la bonne humeur. Les sensations de déplaisir tendent au contraire à étouffer l'activité mentale et à éteindre l'énergie. » *(La Vie sexuelle).*

Et où trouve-t-on de plus grandes sources de plaisir que dans l'amour ? Aussi comptons-nous apprendre à notre fils à règler et à ennoblir ses besoins sexuels et non pas à les supprimer.

VI

**L'onanisme dans l'adolescence. —
Prostituée ou continence?— L'âge
de l'amour et du mariage ＸＸ**

Paul a quinze ans. C'est un solide garçon, bien équilibré, et qui le serait plus encore s'il se livrait davantage aux exercices physiques. Je l'y engage de tout mon pouvoir, mais sa dernière année d'études à l'école primaire supérieure, son goût de la lecture, ne lui laissent presque pas de loisirs. Tout annonce en lui la puberté prochaine. Je vais donc redoubler d'instances pour qu'il laisse un peu ses bouquins et participe aux jeux de plein air organisés par ses camarades.

Nous causons maintenant d'homme à homme ou à peu près. Aussi est-ce du ton le plus naturel qu'il m'a dit ce matin en se levant:

— Dis donc, papa, sais-tu ce qui m'arrive ? J'ai été réveillé, cette nuit, par une sensation étrange, et peu après je me suis aperçu que j'étais tout mouillé... de laitance, acheva-t-il en riant.

Je ris comme lui avant de répondre.

— C'est bien de la laitance humaine, fis-je ensuite, c'est-à-dire du sperme. Tu te fais homme, mon garçon, et tu viens d'avoir ce qu'on appelle une pollution nocturne. Seulement, cela prouve aussi que tu ne prends pas assez d'exercice. Si ces pollutions se renouvelaient, elles t'affaibliraient autant que la masturbation. Il faut les prévenir en lisant moins le soir et en sortant davantage. Le corps a besoin de dépenses que tu ne fais pas.

C'est bien la première fois que cette émission se produit ? ajoutai-je.

— Non, dit Paul avec sa franchise habituelle. Et il m'avoua que la veille, au matin, pris d'un inexplicable trouble mental, il avait voulu se rendre compte de ce qu'était l'onanisme.

— J'ai eu ensuite une grande frayeur, me confia-t-il en terminant ; il me semblait que je m'étais fait très mal quelque part, je ne savais où.

— Merci pour cette franchise, dis-je à l'en-

7

fant ; c'est une nouvelle marque de confiance en moi dont je te sais gré. Le tort initial vient de moi. C'était le premier dimanche, je crois, que je te laissais faire la grasse matinée et voilà le résultat. Les jeunes gens n'ont jamais besoin de faire la grasse matinée : je n'aurais pas dû me départir des bonnes habitudes que je t'avais données. La frayeur que tu as ressentie, sache-le, est un avertissement de la nature. La masturbation, par la facilité qu'on a de s'y livrer, conduit vite à des excès terribles, surtout avec des tempéraments comme le tien.

Je t'ai dit, à plusieurs reprises, ce qui en résultait, et lorsque tu as su que certains de tes condisciples, Dubois et Leblanc entre autres, se livraient à l'onanisme, je t'ai fait remarquer l'air de jeunes filles malades qu'ils ont, leur faiblesse musculaire, leur dégoût du sport, de l'étude, toute l'infériorité intellectuelle dont ils font preuve aujourd'hui, et toute l'infériorité sociale qui les attend.

— C'est vrai, mais tu sais, Dubois et Leblanc ne s'en tiennent pas là. Je les ai vus s'embrasser l'autre jour, car ils ne se gênent guère.

— Oh, s'ils se livrent ensemble à leur vice,

c'est encore plus grave. Et voilà où on en arrive, assez souvent, avec ce vice solitaire. Tu conviendras que je ne te fatigue jamais en te faisant de la morale à perte de vue. Je te fais part de mon expérience, je t'avertis des dangers dont tu peux être menacé, bref je te donne des avis d'ami, tu le sais bien. Je t'en prie donc, ne recommence pas ton geste d'hier matin. Quand tu éprouveras une démangeaison, lève-toi aussitôt, asperge-toi d'eau fraîche et fais ensuite tous tes efforts pour penser à quelque chose de sérieux, de difficile à retenir ou à résoudre, à propos d'une de tes dernières leçons, par exemple. Tu verras comme tu t'en trouveras bien, plus tard.

Grâce à mes conseils, si tu les suis, tu garderas ta santé intacte, ton cerveau lucide, toutes tes facultés libres en un mot ; et lorsque, dans quelques années, l'heure sera venue de satisfaire normalement tes besoins sexuels, tu le feras d'un franc appétit et il en découlera une source de bienfaits que tu ne peux imaginer. A l'heure présente tu n'as pas de besoins, mais des velléités dangereuses, pareilles à celles des gourmands qui s'empiffrent de friandises avant les heures des repas

et par là se détruisent l'estomac, se ruinent
la santé.

L'enfant m'écoutait gravement ; je sentais
qu'il comprenait, non pas exactement mes
paroles, mais plutôt leur importance et qu'il
était résolu à les suivre de confiance ; c'était
l'essentiel.

— Je ferai comme tu dis, papa, tu peux
y compter, m'assura-t-il après un moment de
réflexion. Seulement il y a un fait qui me
semble bizarre : je croyais qu'on n'avait de
sperme que lorsqu'on voulait des enfants.
Pourquoi la nature fait-elle si mal les choses ?

— La nature n'est pas parfaite, assurément,
répondis-je ; rien n'est parfait ; mais tout de
même elle ne se trompe guère. Le sperme ne
contient d'abord que peu de spermatozoïdes
et ces germes n'ont pas grande vigueur. Bien
avant l'âge adulte, c'est-à-dire bien avant
24 ans ou 25 ans pour l'homme, et 20 ou
22 ans pour la femme, on peut avoir des
enfants ; mais ils risquent beaucoup d'être
faibles de constitution et cela d'autant plus
que les parents sont plus jeunes ; sauf les
cas de formation précoce, bien entendu. Tu
sais en outre avec quelle prodigalité la nature

multiplie les germes, dans le règne végétal comme dans le règne animal, pour s'assurer de la conservation des espèces. Chez les hommes, c'est la même chose, la liqueur de vie se trouve en eux en quantité bien supérieure aux nécessités de la reproduction ; car l'homme, cerveau à part, n'est en rien une exception dans la nature. Mais précisément, grâce à leur intelligence plus grande, les hommes attendent, en général, l'âge propice à la reproduction ; même sans la loi qui ne permet pas, en France, le mariage avant 18 ans pour l'homme et 15 ans pour la femme, on se garde bien d'avoir des enfants avant d'être adultes.

— Je comprends, dit Paul. Mais les animaux, comment font-ils, puisqu'ils n'ont pas la même intelligence, reprit-il fort judicieusement.

— Oh, chez les animaux, c'est très simple ; la loi du plus fort, la seule qu'ils connaissent, hélas, se charge de les mettre à la raison. Les jeunes mâles qui cherchent à se rapprocher des femelles en sont vite écartés à coups de crocs, de griffes ou de cornes, par les mâles adultes ; ainsi ils sont bien obligés d'attendre que la force leur soit venue, et avec elle de meilleures facultés reproductrices.

— Tu as bien raison, papa, la nature n'est pas parfaite ; elle est même assez méchante.

— Eh oui, très méchante en un sens, puisque tous les êtres servent de pâture les uns aux autres, de la plante à l'homme, de l'homme aux vers des tombeaux. C'est pour cela qu'il convient de corriger en nous la nature, de la dompter parfois, de résister à ses aveugles élans, en matière de sexualité surtout.

Un écrivain distingué, qui a poussé l'absence de préjugés jusqu'au paradoxe, s'est amusé à écrire (1) que l'amour, chez les jeunes gens, doit être éveillé et satisfait le plus tôt possible. Rien ne serait plus néfaste pour les individus et pour la race. Quand la puberté est encore récente, de grands ménagements sont à prendre. Si, à ce moment de la vie, l'on satisfaisait au besoin sexuel avec modération, passe encore : mais la modération n'est guère le fait de la jeunesse. Mieux vaut attendre quelques années. D'autre part, rien ne peut égaler la continence comme moyen d'acquérir de l'empire sur soi-même — cette

(1) *Le Roi Pausole* (Pierre Louys).

haute vertu de la civilisation — et nul âge ne se prête mieux à ce noble exercice que celui de l'adolescence.

Certes, comme le dit le Dr Nystrom : « il est une chose qu'il ne faut pas oublier, quoi qu'un grand nombre de personnes n'y attachent aucune importance, c'est que les principes et les préceptes les plus sévères de la religion et de la morale, les meilleurs exemples, les exercices corporels les plus fatigants, les études les plus assidues ne peuvent empêcher la liqueur séminale de se former et que tôt ou tard il faut l'éloigner d'une manière ou d'une autre. »

Nous sommes absolument de son avis lorsqu'il écrit, un peu plus loin : « La femme non plus que l'homme ne peut supporter sans souffrir une vie privée de rapports sexuels, la vie sexuelle étant une fonction naturelle dont l'exercice normal a la plus heureuse réaction sur toutes les autres fonctions du corps comme sur la vie intellectuelle. La vie sexuelle étant une source de bonheur et de santé, sa privation ne peut qu'amener des souffrances morales, abattre la joie de vivre et engendrer une existence pleine de tristesse. »

Avec le Dr Garnier nous disons aussi. « Dès qu'un organe existe, sa fonction est inévitable ; il faut qu'elle s'exécute d'une manière ou de l'autre, à moins de supprimer l'organe ; vouloir l'empêcher, c'est s'opposer à ce que le cœur batte. » Mais nous ne saurions trop faire remarquer, avec ce dernier médecin, que la puberté n'est pas la nubilité :

« L'aptitude procréatrice des premières années, quand le corps du jeune homme s'accroit encore, n'est que le prélude de son évolution complète. La mettre à l'épreuve, et surtout en abuser alors, entraîne les plus funestes conséquences pour la santé et la longévité des parents, la force et les probabilités de vie des enfants. Pour donner la vie à un nouvel être, il faut la posséder dans toute son intensité, comme elle existe seulement à l'âge de la virilité complète. La faculté de procréer étant le point culminant du développement organique, c'est une loi, selon Burdach, qu'elle apparaît d'autant plus tôt que la vie est plus pauvre et courte, l'individualité moins prononcée. C'est ainsi que, de tous les êtres vivants, l'homme l'acquiert le plus tard, quant à son âge et à la durée de sa vie.

« A l'éveil du sens génital chez le jeune

pubère, l'érection ne paraît pas encore sous l'empire de l'âme ni du cœur ; elle se produit à tort et à travers, sans but déterminé, et sous l'influence de circonstances diverses. Chez la jeune fille, le plaisir n'atteint pas les limites de la volupté, et ce n'est pas sans raison que les hommes véritablement sensuels préfèrent la femme de 20 à 30 ans. Une fille de 16 ans et même de 18 n'a que l'apparence de la force, dit M. Legouvé. La gestation l'énerve, l'allaitement l'épuise, elle n'est pas plus propre au rôle de mère qu'à celui de femme.

« Les unions sexuelles précoces risquent d'épuiser les facultés génératrices chez les deux conjoints et de les conduire à une impuissance prématurée. La mortalité en est même très augmentée, d'après les recherches statisques récentes du docteur Bertillon. Tandis que celle des garçons, avant l'âge de 20 ans est en France, de 7 sur 1000, les jouvenceaux mariés avant cet âge ont donné une mortalité de 40 à 50 par 1000. Le danger est encore plus grand pour la femme, surtout si elle est petite et délicate. La mortalité des femmes mariées de 15 à 20 ans, est de 11 pour mille et celle des filles de cet âge de 7 seulement. Enfin il est très commun dans le

Levant, au rapport des voyageurs, 'de rencontrer des hommes de 35 ans frappés d'impuissance par suite des excès du jeune âge. »
.(Dr Garnier, La *Génération*)'.

De là à une continence prolongée, il y a loin. Seulement, en éclairant notre enfant, nous ne voudrions pas lui donner la hantise de l'amour. C'est pourquoi nous entendons lui montrer maintenant que tout se conquiert ; que les plus hautes joies sont le prix des plus longs efforts ; que les choses supérieures, en amour comme en tout, valent seules d'être poursuivies et que pour y atteindre il faut élever son caractère en subordonnant une satisfaction prématurée de ses instincts à ce noble but.

VII

— Papa, je sors, nous annonce Paul en
pliant se serviette.

— Va, dis-je, non sans me lever en même
temps que lui pour l'interroger dans l'anti-
chambre, seul à seul. Un de mes amis l'a
vu deux soirs de suite à la brasserie ; ce sera
le troisième s'il s'y rend encore : il importe
que je sache. Je ne m'offense pas de cette
fréquentation, mais elle me surprend de sa
part, et puis je me demande si je l'ai assez
prévenu en matière de maladies vénériennes.
Ce serait le moment de l'éclairer complètement. Paul a beau avoir, pour ses 16 ans,
beaucoup de jugement, on ne saurait prendre
trop de précautions et je me suis promis de
ne rien négliger pour sauvegarder sa santé.

— Tu sors avec Charles ? ai-je demandé comme il mettait son chapeau.

— Oui, fit Paul, un peu étonné ; avec Charles et Gustave.

Gustave, de deux ans plus âgé que Paul, est déjà un petit pilier de la brasserie en question ; ce n'était jusqu'à ce jour qu'un vague camarade et non pas un ami comme Charles.

— Tiens, dis-je, avec Gustave : d'où vient cela ?

— Oh, rassure-toi, ce n'est pas un ami, ni un modèle pour moi, s'exclama Paul. Nous le prenons, Charles et moi, pour un simple cicerone. La brasserie où il se tient habituellement est très pittoresque, et ma foi on apprend là, en sa compagnie, des tas de choses très curieuses, quoique passablement tristes ou malpropres, bien souvent. Bref, c'est intéressant.

Paul a dit son mot favori. Du moment que c'est intéressant... Mais devinant mon inquiétude première, il tient à me rassurer pleinement.

— Pour le reste, tu sais bien que ce ne sont pas ces femmes qui pourraient me tenter. Elles sont amusantes à voir et à entendre,

mais elles me répugnent. Comme tu me disais toi-même en parlant de ta jeunesse,
j'aime mieux attendre et « boire dans mon
verre. »

— Allons, c'est bien, dis-je en le prenant
amicalement par les épaules ; va, et ne rentre
pas trop tard.

Toutefois la tentation peut venir. Je le
répète, je ne m'en offenserai pas, mais je
tiens à mettre mon fils en mesure de préserver sa santé.

Le lendemain même je le pris à part :

— Eh bien, questionnai-je d'abord, c'était
« intéressant », hier soir ?

— Gustave n'a pu venir, répondit Paul ;
nous avons promené en causant.

— En disputant serait peut-être plus exact ;
car il s'agissait encore de littérature ?

— Ma foi, oui : Charles est trop exclusive-
ment réaliste.

— Dis-moi, repris-je, connais-tu quelqu'un
qui ait attrappé la chaude-pisse.

— Gustave l'a eue, Charles aussi. Pourquoi
cette question.

— Pour savoir si tu te doutes de la gravité
de cette maladie.

— Mais elle n'a rien de grave, je crois.

— Oui, quand elle se déclare dans un corps bien portant et qu'on la soigne comme il convient. Dans le cas contraire, une blennorrhagie peut durer des mois, des années même ou encore entraîner de redoutables complications. Les jeunes gens doivent donc prévenir leurs parents dès qu'ils se voient infectés. Certains continuent de qualifier les maladies vénériennes de maladies honteuses. Ce préjugé stupide, qui a déjà causé tant de maux, tend à disparaître, heureusement.

La blennorrhagie est une urétrite spécifique, c'est-à-dire une inflammation spéciale du canal urétral, due à la présence d'un microbe appelé gonocoque. Cette affection est tellement contagieuse que 80 à 90 pour cent des adultes des deux sexes l'ont, l'ont eue ou l'auront à un certain moment de leur existence, parfois dès l'enfance la plus tendre. Le microbe, en effet, ne se propage pas seulement dans les rapports sexuels ; il suffit du contact d'une sonde ou de tout autre objet souillé ou encore du fait d'aller à la selle après un malade blennorrhagique. A sa naissance même, l'enfant peut contracter le virus, lors de son passage à travers des organes maternels contaminés, d'où résultera alors une ophtalmie purulente, et souvent la cécité.

Mais c'est surtout de la syphilis que je voudrais te parler. Cette maladie, une des plus contagieuses qui soient, peut se contracter de cent manières, en dehors de toute relation sexuelle. Que d'enfants contaminés en têtant une nourrice syphilitique, en portant à leur bouche un jouet ou un objet quelconque passé par la bouche d'un autre enfant, né de parents vérolés ou infecté par quelque grande personne ! Car ce terrible mal est héréditaire. Aussi je te conjure de prendre les plus grandes précautions quand tu approcheras de n'importe quelle fille publique. Un grand nombre en sont atteintes ; il te suffirait de boire dans le verre où l'une d'elles aurait bu ou de l'embrasser sur la bouche pour être atteint à ton tour.

Une des particularités les plus curieuses de l'avarie, est justement qu'elle peut exister chez de jeunes personnes ayant toutes les apparences d'une santé florissante. Telle bouche attirante, ornement d'un frais visage, pourrait fort bien t'inoculer le pire des venins dans un baiser dont sera empoisonnée toute ta vie, et celle de ta femme et de tes enfants, par surcroît.

Comme pour la blennorrhagie, les risques de la contagion, dans l'avarie, sont innombrables : Eponges, linges, verres, cuillers, rasoirs, pipes, porte-plumes, crayons, biberons, les latrines, etc, etc., l'avarie peut-être due à l'usage de n'importe quel objet souillé par la bouche ou autre muqueuse d'un malade.

Le virus de la syphilis rencontre-t-il la plus légère écorchure, l'érosion la plus imperceptible, il pénètre aussitôt dans le sang qui le charrie dans tout l'organisme, où il cause les plus affreux ravages. Les parties sexuelles, la bouche, le nez, les yeux, les os, le cerveau, tous les organes peuvent être infectés à tour de rôle et parfois simultanément.

Pour te donner une idée du supplice qu'on endure alors il me suffira de te lire ce fragment de journal que j'ai conservé à ton intention :

— *Fratricide par pitié.* — *Le Lokal Anzeiger* (un quotidien allemand) dans une dépêche de Saint-Pétersbourg, nous raconte aujourd'hui une navrante histoire.

« Récemment, dans un coupé de chemin de

fer, un jeune homme, qui s'était montré plein
d'égards pour son frère, lequel paraissait
horriblement malade et tremblait de tout son
corps, lui tirait un coup de revolver dans la
tempe et le tuait net.

«Le meurtrier, fils du professeur de l'académie ecclésiastique de Moscou, Kiparisoff,
passait en cour d'assises et a raconté les terribles douleurs éprouvées par six personnes
de sa famille, la mère et cinq enfants, tous
gravement contaminés par le père, avarié
depuis plus de trente ans.

«Le fils cadet, atteint le plus gravement,
souffrait tant que l'assassin, Théodore Kiparisoff, résolut de mettre fin à cette horrible
existence. Ce fut devant une cour et un public
qui sanglotaient que le jeune homme fut
acquitté.»

Quoi de plus effroyable?

Il y a dans l'avarie deux phases principales. La première se manifeste par l'apparition d'un chancre à la place où le virus
s'est introduit, c'est-à-dire dans la bouche, à
l'anus ou à toute autre partie du corps aussi
bien que sur les organes sexuels; il n'est
pas toujours aisé de le découvrir. L'avarie
est contagieuse dès ce moment; mais elle

l'est bien davantage dans la deuxième période,
à la disparition du chancre syphilitique, suivie par l'apparition de la plaque muqueuse.
On nomme ainsi de petites élévations aplaties
rondes ou ovales, de teinte grisâtre, quelquefois lisses, mais le plus souvent légèrement
ulcérées. Et quoi qu'on fasse pour se soigner,
cette maladie reste infectieuse pendant des
années ; à plus forte raison si l'on se soigne
mal, comme c'est souvent le cas.

Une des grandes causes de contamination
vient de la négligence avec laquelle on traite,
la plupart du temps, la première manifestation syphilitique. On a un bouton suppurant
à la main, à la joue, sur la lèvre ou ailleurs ;
au bout de quelques semaines, l'ulcération
a disparu, et l'on se croit débarrassé. C'est
ainsi que l'épouse la plus chaste peut tenir
la syphilis de son enfant, contaminé par une
nourrice, et l'ignorer totalement pendant les
six à huit ans durant lesquels elle reste contagieuse. Aussi ne devrait-on hésiter jamais à
consulter un médecin à la moindre ulcération
un peu persistante.

Un grand nombre de prostituées en sont
atteintes, te disais-je ; j'aurais pu ajouter :
toutes le sont à partir d'un moment donné

de leur carrière. Si tu as un jour affaire à l'une d'elles, ou simplement à une femme dont tu ne connaîtras pas bien les antécédents, assure-toi d'abord qu'elle n'a pas les dents gâtées et le cheveu rare : ces signes prêtent à de sérieux soupçons. D'autres signes sont plus probants. Très souvent le cou présente, chez les syphilisées, une ou plusieurs petites modosités qu'on peut percevoir en appuyant légèrement les doigts derrière les oreilles, ou bien aux aisselles et aux plis de l'aine. En ce cas abstiens-toi carrément. A défaut, on doit bien examiner le front, le cou et la poitrine ; s'il s'y trouve des taches rosées ou de couleur fauve disposées en cercles ouverts ou en anneaux fermés ou encore dessinant des marbrures, qu'on nomme roséole, il s'agit d'une très dangereuse malade qu'il faut fuir précipitamment. Ces stigmates révélateurs de l'avarie se montrent souvent, il est vrai, sur le visage, le cou ou les mains ; on s'en aperçoit alors facilement.

Mais même lorsque aucun signe extérieur n'annonce la terrible infection, on doit se tenir sur ses gardes, s'il s'agit d'une prostituée. L'infection peut remonter à quelques jours, voire à quelques heures, auquel cas rien ne la décèle aux yeux les plus avertis ; ou encore les chancres et les plaques muqueuses se trouvent dissimulés comme je te l'ai expliqué.

La première précaution à prendre contre les maladies vénériennes consiste à entretenir les organes génitaux dans un état de propreté parfaite ; ils offrent ainsi plus de résistance à la contagion. On doit donc les laver au moins une fois par jour au savon, en ayant soin, comme je te l'ai montré, de bien nettoyer la surface du gland.

Tu as entendu parler d'un instrument de préservation qu'on nomme capote ; c'est un bon préservatif, à condition de le savonner puis de le tremper dans un liquide antiseptique, formol ou sublimé en dissolution, chaque fois qu'on s'en est servi. Tous les autres procédés connus sont peu sûrs et d'un emploi incommode.

Si par hasard tu n'avais pu ou voulu prendre la précaution que je t'indique et que tu aies le moindre doute sur la femme avec laquelle tu auras eu des relations, sache qu'il te faudrait, peu d'heures après, procéder de la manière suivante. Tu demanderais dans une pharmacie une pommade composée, selon la formule du professeur Metchnikoff, de 20 grammes de lanoline et de 10 grammes de calomel. Tu aurais quelques chances d'échapper à la contagion en te frottant la verge avec cette pommade. Rappelle-toi bien de ma recommandation.

Toute la science médicale a été jusqu'à présent malheureusement impuissante à nous mettre en possession d'un moyen de protection infaillible contre les maladies vénériennes, ces fléaux qui déciment l'humanité. D'après les expériences du docteur Lancereaux l'absorption du vérus syphilitique par l'organisme ne serait pas instantanée, mais précédée d'une sorte d'incubation pendant laquelle il est encore possible d'enrayer l'infection. Lancereaux préconise la cautérisation, mais ce moyen est bien peu pratique.

Ceci revient à dire, tu le vois, qu'à satisfaire ses sens au hasard on court les plus graves dangers et qu'une extrême prudence est toujours de rigueur. Les suites d'une infection blennorrhagique et, à plus forte raison, syphilitique, sont tellement redoutables pour soi et pour autrui qu'on ne doit négliger nulle précaution, si insignifiante ou si pénible qu'elle paraisse.

— Je te remercie, dit Paul ; mais je t'assure qu'il n'y a rien à craindre pour moi sous ce rapport. Toutes ces précautions, que je crois absolument nécessaires, puisque tu me l'affirmes, m'éloignent davantage des prostituées ; j'aime infiniment mieux, en attendant d'aimer et d'être aimé, me passer des plaisirs tant recherchés par Gustave et que Charles lui-même ne dédaigne pas. Franchement, ça ne me dit rien.

Je connaissais bien les sentiments de mon fils sur la femme ; plus que jamais je sentais que les pauvres êtres destinés à tout venant n'étaient pas des femmes pour lui. La femme, dans sa pensée comme dans celle de bien des jeunes gens de son âge, c'est un être supérieur, muse ou idéal, qu'il doit mériter par une consécration de tout ce qu'il y a d'élevé en lui et de toute sa fraîcheur physique et morale.

De bonne heure je lui ai appris à respecter la dignité de la personne humaine même là où elle est le plus abaissée, comme chez la prostituée. Plus tard, je lui ai parlé de la répugnance physique, de la violence même que subissent ces malheureuses en se donnant sans amour. Il a donc le sentiment profond qu'il n'est pas de salaire qui puisse compenser ce qu'on exige dans une prostituée : l'abaissement d'un être humain et l'intime violence de sa chair.

De toute façon j'étais rassuré, — autant qu'il est possible de l'être en pareille matière. Le virus de la syphilis est doué d'une telle force de résistance, d'une telle puissance destructive ! On a vu des accidents syphilitiques se produire vingt ou vingt-cinq ans après la naissance de jeunes gens dont le père avait contracté cette effroyable maladie. Personne ne peut se flatter de s'en préserver et d'en préserver à jamais ses enfants. Du moins avais-je armé mon fils de toutes les chances d'immunisation connues de nos jours.

VIII

Notre fille est pubère. — Son initiation et ses résultats Ɏ Ɏ Ɏ

Notre fille, nous l'avons dit, a reçu le même enseignement que son frère. Ou plutôt elle a suivi son aîné comme elle a pu jusqu'à l'âge de dix ans. Mais depuis deux ans — car Louise a atteint sa douzième année, — c'est sa mère qui est plus spécialement chargée de l'instruire ; il va de soi que celle-ci ne lui a pas encore parlé des maladies vénériennes. et fort peu des fonctions génésiques dans l'espèce humaine. Louise sait à peu près ce que nous avions appris à son frère à l'âge de treize ans.

Elle n'en est pas plus vicieuse pour cela, au contraire. C'est une charmante fillette bien tenue, au moral aussi sain que le physique, pleine de réserve sans hypocrisie et à qui les mauvais exemples de l'école n'inspirent que de l'aversion.

Bien des signes annoncent en elle la puberté prochaine ; cette précocité ne peut que nous réjouir ; elle est l'indice d'une nature généreuse dont le développement n'a été entravé ni par la maladie, ni par de mauvaises habitudes. Mais précisément, à cause de cette transformation proche, il convient de l'instruire de beaucoup de choses qu'elle ignore encore et que nous ne comptions pas lui révéler si tôt. Ce soin incombe tout naturellement à la mère ; je me reposerai sur elle, assuré qu'elle s'en sortira fort bien.

Ce matin justement, Louise a eu un léger étourdissement ; peu après, elle si douce d'habitude, s'est presque emportée contre Paul en l'accusant d'avoir caché une agrafe qu'elle ne trouvait pas. L'autre jour, elle se plaignait tantôt de troubles dans les intestins, tantôt de douleurs vagues dans le dos et les articulations.

Une crise de croissance, avons-nous pensé tout d'abord. Mais c'est aussi la crise de la puberté, car ses petits seins lui ont fait mal tous ces jours-ci.

Le soir venu, comme elle se disait très lasse, ma femme l'a aidée à faire sa toilette de nuit, puis, la bordant, elle a commencé à lui parler après l'avoir embrassée tendrement.

— Sais-tu que tu grandis, ma petite fille. Mais ce n'est pas de cela seulement que te viennent des malaises, de la fatigue et aussi quelque irritation. Une transformation bien plus importante se fait en toi, mon enfant.

— Quelle transformation, dis, maman.

— Celle de la chenille qui devient papillon, ou à peu près, fit ma femme en riant. Ecoute, poursuivit-elle. Tu sais ce qui se passe chez les insectes, les grenouilles et tous les animaux, avant et après leur naissance jusqu'à la formation complète : une série de changements ont lieu, variables selon l'espèce. Toi-même tu as suivi une longue évolution depuis le temps où je te portais en moi. En naissant tu n'avais ni dents, ni cheveux ; tu ne pouvais ni parler ni marcher : rappelle-toi le bébé que nous avons vu la semaine dernière ; eh bien, tu as été ainsi. Maintenant un nouveau changement s'opère, le plus important de tous.

Chaque petite fille est destinée à devenir une femme, une mère ; mais pour cela il faut que de nouveaux organes se forment. Tu es arrivée à l'âge où cette formation s'accomplit. Il faut à la plante pour qu'elle puisse se reproduire, des graines dans le pistil ; il faut des œufs dans le ventre de la poule et ainsi de suite ; de même pour la femme. Tu ne pourrais être mariée, plus tard, ni devenir mère si l'évolution qui s'accomplit en ce moment ne s'accomplissait pas ; c'est-à-dire si des ovules, si des graines humaines ne se formaient en toi.

Et c'est cela que te rend malade. Bientôt même, tu saigneras un peu, comme on saigne du nez, ce ne sera pas autrement grave ; mais je t'expliquerai ceci demain.

Le lendemain les règles apparaissaient brusquement.

— Maman ! j'ai du sang ! appelait bientôt l'enfant.

La mère accourut pour la soigner, la rassurer, lui parler de l'hygiène à suivre en pareil cas.

La conduite à tenir pendant les règles peut se résumer en quelques mots lorsqu'elles ne sont pas douloureuses. Lavage matin et soir du vagin avec de l'eau chaude et du savon de Marseille. Port d'une serviette hygiénique. Éviter toute occasion de refroidissement ; ne pas prendre de douche froide ni se baigner les pieds dans l'eau fraîche, à moins d'être entraînée à cela. S'abstenir de glaces et même d'aliments acides (fruits, vinaigre, etc.,) les acides pouvant déterminer des coliques intestinales qui coïncideraient avec les coliques utérines toujours possibles, augmentant ainsi la douleur.

Pour les menstrues douloureuses, on fera bien de consulter un médecin, car elles sont toujours dues à des troubles pathologiques.

— Cela se renouvelle donc, dit Louise avec inquiétude quand sa mère lui eut donné ces quelques explications.

— Hélas, ma chère petite, cela se renouvelle tous les mois. Mais rassure-toi, il n'y a pas là de quoi s'effrayer ; au bout de quelque temps on s'y habitue fort bien. Toutes les jeunes filles que tu connais, toutes les femmes, et moi-même, nous éprouvons de semblables malaises et il n'y paraît guère, puisque tu n'avais pas soupçonné cette petite infirmité, inhérente à notre condition de femme.

— Pourquoi cela revient-il si souvent, insistait l'enfant. Qu'on souffre pour être femme, bien, mais après ?

— Je vais te dire. Il y a en ceci comme en

toute chose, une raison d'être. Tu as maintenant des ovules ; ils ne peuvent rester toujours dans leur enveloppe, l'analogue de l'ovaire des plantes, qu'on nomme follicule de Graaf. De temps en temps il s'en détache un, ainsi que les graines tombent de la plante ; c'est alors que la follicule se rompt pour lui livrer passage et qu'une hémorragie en résulte. Cette hémorragie dure trois, quatre jours, selon les natures et elle revient tous les 26 ou 28 jours quelquefois plus quelquefois moins, cela dépend aussi des constitutions.

Devant l'universalité de cette loi, l'enfant ne pouvait que se résigner et c'est ce qu'elle ne tarda pas à faire. Certes, à chaque apparition du flux menstruel, notre Louise redevient susceptible, irritable, et ce sont alors des chagrins, des bouderies, des emportements même ou des flots de larmes sans cause apparente ; mais chaque fois, sa mère lui rappelle la cause réelle de ces changements d'humeur, en l'exhortant doucement à la patience ; ainsi Louise apprendra à dominer ses nerfs pour éviter de se rendre insupportable à tous ceux qui l'approchent, parents et amis.

Le plus difficile de notre tâche est fait. Dans un an ou deux ma femme reprendra pour sa fille, à quelque chose près, la démonstration des fonctions génésiques que j'ai faite pour notre fils. Il sera aisé, ensuite, de la mettre en garde contre les poursuites dont elle pourrait être l'objet de la part des hommes, des jeunes gens surtout. Elle saura le pourquoi de ces avis et n'en tiendra que mieux compte.

On lui aura appris avec quelle facilité une jeune fille peut être rendue enceinte ; il ne saurait être un meilleur moyen de la mettre à l'abri des entreprises masculines ou tout au moins de ses surprises. Mal averties, ayant une peur irraisonnée des hommes, bien des jeunes filles sont aisément trompées, et que de désastres s'ensuivent. Louise se défiera de leur approche par crainte de la maternité, mais encore plus par crainte de la contagion syphilitique.

Vers la quatorzième année, nous lui dirons combien sont nombreux les jeunes gens atteints de ce terrible mal. Tout le monde peut citer dans sa famille ou dans son entourage quelque victime de l'abominable égoïsme d'un de ces hommes qui n'hésitent pas à contaminer une jeune fille ou une jeune épousée, et à donner le jour à de pauvres petits êtres voués à souffrir de mille maux, toute leur vie durant. Pour notre part, nous connaissons bien dix malheureuses femmes unies par ignorance ou par l'imprévoyante stupidité de leurs parents à des hommes atteints de syphilis plus ou moins mal soignée, et qui mènent aujourd'hui une existence gachée, perdue, toujours malades ou torturées par le spectacle de leurs enfants infirmes ou maladifs.

Louise n'aimera qu'en connaissance de cause. Si elle ne doit se donner, comme tant de jeunes filles, qu'après s'être engagée officiellement dans le mariage, avant toute chose nous exigerons de son fiancé qu'il se fasse examiner par notre médecin. Et celui-ci délié à cette occasion, par le jeune homme, du secret professionnel, aura pour devoir de nous dire la vérité.

Traités à leur heure, ces graves sujets sont loin de ternir la pureté d'âme d'une adolescente, comme tant de gens se l'imaginent faussement. Cela aurait plutôt un résultat inverse. Nous le voyons pour notre fillette. Elle s'est habituée bien vite à la connaissance

du fonctionnement de tous ses organes si elle
en a d'abord éprouvé un léger dégoût ; à présent, sa pensée en est entièrement détachée ;
bien plus, avec les phénomènes périodiques
et la crainte de vagues dangers que lui inspirent les organes de la génération, est venu
comme un détachement des choses de la
chair. Jusqu'au jour où l'amour tout entier
lui parlera dans cette langue enchanteresse
qui magnifie, transfigure toute chose, elle ne
rêvera que de l'union des cœurs et des âmes ;
elle se rejettera avec plus de force dans les
sphères purement idéales où les jeunes filles
aiment à s'entretenir avec elles-mêmes.

Pour l'instant, il serait difficile de trouver
une fillette plus saine, plus réservée dans ses
propos et dans ses attitudes que notre petite
Louise.

Notre enseignement ne nous a valu que
d'heureux résultats et nous nous félicitons
tous les jours davantage de l'avoir poursuivi
sans hésitation jusqu'au bout.

La gestation et l'enfantement dépeints à notre fille. — Où est l'immoralité? — La leçon de la vie ⚥ ⚥ ⚥ ⚥ ⚥ ⚥ ⚥ ⚥ ⚥

Ainsi que la plupart des fillettes, notre Louise aime passionnément les enfants. Il y a quelques semaines, vinrent s'installer dans l'appartement voisin du nôtre, un jeune couple et leur enfant, un bébé de quinze mois. Louise manifesta pour ce dernier un intérêt si vif que la mère ne tarda pas à le lui laisser embrasser et cajoler, puis à le lui confier quelques instants. Maintenant il n'est pas de plus grand bonheur pour Louise que de tenir ce bébé dans ses bras, de lui donner sa bouillie, de jouer en un mot à la petite maman. Par suite, les petits enfants en général sont devenus la grande préoccupation de son existence.

Ce doit être un peu le cas de ses compagnes

de l'école, car notre fille est revenue ce soir encore animée d'une longue discussion qui eut lieu entre elles au sujet de l'accouchement. Les unes soutenaient que l'enfant sort naturellement du ventre de la mère, les autres que le ventre doit être ouvert, comme pour une opération, celle de l'appendicite, par exemple, après quoi on fait une couture, toujours comme pour l'appendicite. Louise tenait pour la première version.

— N'est-ce pas que j'avais raison, a-t-elle dit à sa mère, avec l'accent d'une ardente conviction.

— C'est à la fois plus simple et plus compliqué, répondit ma femme, et vous n'étiez dans le vrai ni les unes ni les autres. Aussi bien l'heure est venue de t'en instruire pleinement. Tu auras quatorze ans bientôt ; tu dois savoir ce qu'il en coûte d'être mère et quelle chose grave est, à tous les points de vue, la maternité.

Tu m'as demandé l'autre jour pendant un de tes malaises périodiques, où passait l'ovule pour lequel tu souffrais, puisqu'il n'était pas destiné à se transformer en petit enfant. Je t'ai répondu qu'il était expulsé de la même manière et par les mêmes voies que le flux menstruel. Or, quand l'ovule est fécondé, il se développe dans l'utérus — qu'on nomme aussi matrice, — je te l'ai déjà dit. Si tu y avais réfléchi en songeant à l'enfantement, tu aurais compris qu'il ne pouvait sortir, même sous la forme d'un enfant, par un autre chemin.

— Est-ce possible, fit Louise effrayée. Mais le passage est bien petit, et les bébés en naissant sont déjà bien gros : sept ou huit livres, m'as-tu dit, je crois ?

— Oui, et quelquefois un peu plus. Aussi la parturition est-elle très douloureuse. Pour t'en donner une idée, il me faut reprendre les explications que je t'ai fournies sur notre anatomie. Reportons-nous à la coupe du bassin de la femme. Je t'ai déjà indiqué la place des ovaires ; ce sont deux glandes de la grosseur d'une amande, disposées une de chaque côté de la matrice et reliées à celle-ci par deux canaux appelés trompes de Fallope, lesquelles se terminent par une sorte de pavillon composé d'une douzaine de franges dont une, la frange ovarique, est fixée à l'ovaire. C'est dans la partie supérieure de l'ovaire que se développent, après la puberté, c'est-à-dire dès l'âge ou se forment les règles,

les vésicules ovariennes ou follicules de Graaf.
Ces vésicules sont des capsules extrêmement
petites, si petites que tout ovaire en contient
entre quatre et cinq cent mille.

A leur maturité les follicules atteignent
environ le volume d'un pois ; elles contiennent
alors une ou deux cellules dont l'une, quand
vient la période menstruelle, forme l'ovule
ou œuf féminin.

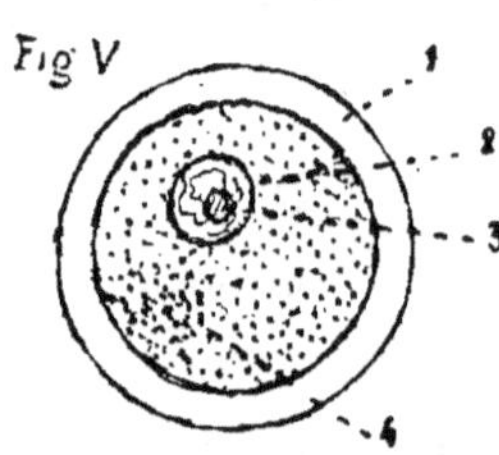

Ovule ou œuf humain
(grossi 200 fois).

1. Membrane. — 2. Vésicule
germinative. — 3. Tache germinative. — 4. Vitellus ou jaune
humain.

La femme ayant deux
ovaires, cela fait donc un
million d'ovules en chif-
fres ronds pour chacune
de nous. Mais tous ne
mûrissent pas, puisque
nous n'en pondons, c'est
le mot, que treize par an.
Vus au microscope, les
œufs humains ont tout à
fait l'apparence du vulgaire œuf de poule.
Comme ce dernier, ils se composent d'une
membrane vitelline, d'un *vitellus* ou liquide
granuleux qui rappelle le jaune d'œuf du
poulet, d'un noyau appelé *vésicule germinative*, et enfin, dans ce noyau, d'une *tache
germinative*, toujours comme pour les œufs
des oiseaux. Tu vois combien nous sommes

pareils aux animaux, puisque notre origine
est la même que celle des oiseaux qui pourtant n'occupent pas le sommet de l'échelle
animale.

A l'époque de l'ovulation, lorsque la follicule de Graaf se rompt, l'ovule tombe sur le
pavillon de la trompe de Fallope, et de là
dans la trompe elle-même, puis dans la cavité

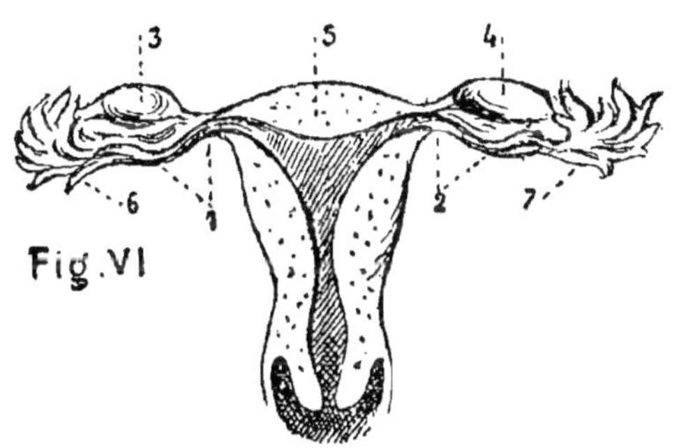

Coupe de la matrice. Ovaires et trompes.
1,2. Trompes. — 3, 4. Ovaires. — 5. Matrice. — 6,7. Pavillons.

utérine, d'où il est rejeté au dehors s'il n'a
pas été fécondé. Dans le cas contraire, c'est-
à-dire s'il a rencontré à sa sortie de l'ovaire,
lors de son passage dans les trompes, un
germe mâle, l'œuf reste fixé à l'utérus où il
subit toute une série de métamorphoses abou-
tissant à la formation d'un être vivant.

Alors se passent des phénomènes prodi-
gieux dont un grand nombre de femmes en-

ceintes n'ont jamais eu conscience et qui pourtant devraient nous intéresser toutes au plus haut degré, nous autres femmes, puisqu'ils ont trait à la façon dont nous avons vu le jour, et qu'en les connaissant nous pouvons éviter nombre de dangereuses méprises ou d'imprudences funestes. Je te disais qu'une fois fécondé l'œuf se fixe dans la matrice. Je t'ai expliqué comment, il y a quelque temps. Le papa et la maman ayant mis leurs organes en communication, les germes du papa vont à la rencontre de l'ovule maternel ; le premier arrivé étant entré, l'œuf se referme et descend dans l'utérus où il doit rester de 270 à 280 jours, soit neuf mois.

— C'est pour cela, interrompit Louise, que la concierge disait l'autre jour qu'elle avait la maladie de neuf mois.

— Oui, on appelle ainsi la grossesse et l'on a bien raison, car c'est une vraie maladie et parfois des plus dangereuses. Je vais maintenant t'en dire les principales phases ; c'est ce qu'on nomme scientifiquement la gestation.

Au bout d'un mois de gestation, l'ovule si microscopique au premier jour, a atteint le volume d'un œuf de pigeon. L'embryon humain qu'il contient ressemble alors parfaitement à celui de n'importe quel mammifère et même à ceux des oiseaux et des reptiles ; c'est une petite larve d'un centimètre à peine, plus pareille à un têtard qu'à un petit enfant.

Peu après, apparaissent sur la tête, ou plutôt à son emplacement, deux points noirs qui seront les yeux ; il n'y a encore ni bras ni jambes, mais seulement quatre petites protubérances et tout le bas du corps est en forme de queue, comme tu peux voir par cette gravure.

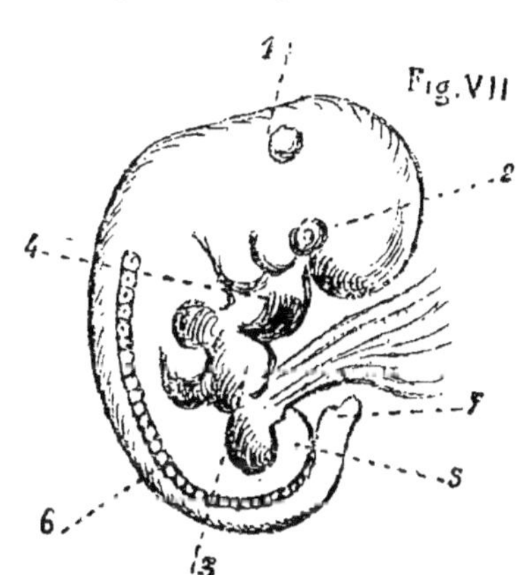

Embryon humain d'un mois.

1. Oreille en formation. — 2. OEil en formation. — 3. Foie. — 4. Bras en formation. — 5. Jambe en formation. — 6. Colonne vertébrale. — 7. Extrémité en forme de queue.

A deux mois, notre œuf est du volume de celui d'une poule ; l'embryon mesure 5 centimètres, pèse 15 grammes et les yeux, les bras, la bouche et le nez commencent à se détacher nettement. Ce n'est qu'à partir du troisième mois, alors que l'embryon mesure 10 centimètres et pèse 75 grammes, qu'on peut voir s'il donnera un petit garçon ou une petite fille. Le quatrième mois les cheveux commencent à apparaître et les ongles à se dessiner ; l'embryon est alors désigné sous le nom de fœtus. Jusqu'au septième mois l'enfant ne pourrait pas vivre s'il naissait, par accident, comme cela arrive quelquefois, Mais à partir du septième mois le fœtus est viable ; il acquiert le poids de 12 à 1300 grammes et une taille de 35 à 40 centimètres. A neuf mois enfin il naît à terme et comporte un poids de 3 kilos à 3 kilos et demi et une longueur moyenne de 40 à 50 centimètres.

Tu vois par là quel volume doit atteindre la matrice qui, avant la grossesse, est de la dimension d'un œuf de poule ; car non seulement elle contient l'enfant, mais encore un liquide dans lequel il baigne, le liquide amniotique, dont la quantité est de 5 à 600 grammes, et enfin une masse charnue appelée placenta, qui sert au développement du fœtus et dont le poids est également de 5 à 600 grammes au neuvième mois. Ainsi la matrice, qui pèse elle-même un kilo environ après la délivrance, doit s'accroître dans d'énormes proportions. A la fin de la gestation, elle emplit toute la cavité abdominale jusqu'à la hauteur de l'estomac, non sans

refouler et comprimer les autres organes ;
son volume égale alors celui de la tête d'un
homme de forte taille.

Tout cela, tu le comprends, ne s'accomplit
pas — bien que nos tissus soient éminemment
dilatables, — sans souffrances de la part de
la mère. La grossesse est accompagnée d'innombrables malaises : névralgies, inflammation des gencives, maux d'estomac, d'intestins, vomissements, nausées, varices, parfois
bien pis encore. Mais ceci n'est rien comparé
aux souffrances de l'accouchement. Le passage est bien petit, comme tu disais, encore
qu'il soit très dilatable ; car la nature a tout
prévu et il faut bien que nos organes soient
adaptés à leurs fonctions. Mais l'enfant est
déjà un bébé ; aussi, pendant six à huit heures
d'efforts inouïs pour lui livrer passage, on
endure un véritable matyre qui vous arrache
des hurlements affreux ; heureuses encore si
tout se passe normalement. La femme en
couche est en effet sujette à toutes sortes de
complications plus terribles les unes que les
autres, et elles sont nombreuses celles qui
sont mortes dans les douleurs de l'enfantement ou peu après avoir enfanté.

— Pauvre maman, tu as donc bien souffert

pour nous mettre au monde, Paul et moi.

— Sans doute ; mais s'il n'est pas de plus grand supplice que d'enfanter, par contre nulle joie au monde n'égale celle d'être mère, surtout lorsqu'on est la mère de bons petits enfants comme les miens. Cela, vois-tu, vaut tous les sacrifices.

Louise, à ce coup, ne sut que se jeter dans les bras de sa mère, et l'on devine quelle scène d'attendrissement s'ensuivit.

— Il y a une chose que je ne comprends pas, reprit l'enfant au bout d'un instant. L'œuf de poulet contient une substance qui sert à son développement ; mais le fœtus — tu vois que je n'ai pas oublié le terme exact, — de quoi se nourrit-il ?

— De la substance de sa génitrice, tout simplement. Je t'ai parlé d'un organe nommé placenta. Le placenta est relié au corps de l'enfant par le cordon ombilical ; ce cordon, d'une longueur de 40 à 60 centimètres met en communication la circulation sanguine de la mère et celle de l'enfant. Par l'intermédiaire du placenta la mère lui fournit avec son sang, l'oxygène nécessaire à sa respiration. Pendant son existence intra-utérine, l'enfant est, tu le vois, quelque chose comme un

poisson ; au lieu d'aspirer l'air et par conséquent l'oxygène par les voies respiratoires
ordinaires, le nez, les pores de la peau, il
reçoit son oxygène du sang maternel qui en
charrie à sa suffisance.

— Mais, maman, tous ces phénomènes sont
aussi extraordinaires et plus intéressants que
les métamorphoses des insectes ; pourquoi
nous parle-t-on de ceux-ci, à l'école, et jamais
de ceux-là.

— Il faut bien un commencement à tout,
mon enfant. Oui, certes, les fonctions du corps
humain valent toutes les féeries des insectes
et leur connaissance est d'une importance
infiniment supérieure, beaucoup de personnes
en conviennent aujourd'hui ; il suffit d'ailleurs d'y réfléchir un instant pour être de
cet avis. Autrefois, au contraire, c'était une
impiété que d'étudier ces choses et d'illustres
chirurgiens ont failli être brûlés vifs pour
s'être permis de disséquer des cadavres. Depuis, on a fait de grands progrès et avant
peu, j'en suis persuadée, on enseignera l'anatomie aux écoliers comme on enseigne la
grammaire, mieux même, pour les jeunes
filles tout au moins.

Pendant des siècles on a pensé — et les

orientaux le pensent encore — que les jeunes filles ne doivent rien apprendre, hormis la tenue du ménage et quelques arts d'agrément ; la femme, au lieu d'être la compagne de l'homme, serait donc restée une servante à la mentalité inférieure, quelque chose comme la femelle de l'espèce humaine si cette conception avait prévalu ; il n'en a rien été heureusement. Reste à lui enseigner l'anatomie et le fonctionnement de ses organes essentiels — ceux de la génération en tout premier lieu — et par suite leur hygiène.

Quoi de plus nécessaire à la femme, d'abord pour elle-même, pour ses enfants ensuite ?

Ma femme aurait poursuivi longtemps de la sorte, — il y a tant à dire sur les lacunes et les défectuosités de l'enseignement moderne — si, à ce moment, on n'avait frappé à la porte.

— C'est Madame Thomas, annonça Louise qui était allé ouvrir.

Mme Thomas, la voisine au bébé tant choyé par notre fillette, est une avenante jeune femme à la tenue modeste, serviable, amène et l'air bien portant malgré sa taille fluette et son teint pâlot de citadine trop sédentaire.

A peine entrée — pour un mot à dire, en passant, — ses yeux tombèrent sur les planches anatomiques : coupe du bassin de la femme, etc., encore étalées devant Louise.

— Comment, madame, s'écria-t-elle, vous montrez ces choses à votre fillette ?

— Vous trouvez que c'est immoral ?

— Immoral... je ne sais ; mais je suis d'avis que les jeunes filles ont bien le temps de connaître cela. A l'âge de votre Louise je ne savais rien du tout, moi. Bien plus, je vous confierai que je vois pour la première fois comment sont faits les organes de la génération... Ce qui ne m'a pas empêché de mettre au monde une petite fille, conclut-elle dans un éclat de rire.

— Les petits oiseaux en font autant, dit ma femme égayée à son tour. Une pareille ignorance, reprit-elle, offre cependant bien des dangers. Rappelez-vous ce que vous me disiez l'autre jour ; étant jeune fille vous pensiez que les enfants entraient et sortaient... par le nombril. N'eût-il pas été facile à un homme que vous auriez aimé, mais dont vous n'auriez voulu, à aucun prix, avoir un enfant, de vous abuser et par là d'attirer sur votre tête une catastrophe ?

— Oui, c'est bien possible, fit Mme Thomas toute songeuse. Puis, sursautant : Ma fille qui s'éveille... vous permettez...

Elle se levait pour sortir, mais Louise l'ayant priée de la laisser aller. chercher l'enfant, elle se rassit en disant :

— Vous avez raison, chère madame, et peut-être plus que vous ne croyez. Figurez-vous que ma sœur aînée, au moins aussi ignorante que moi avant de se marier, était encore vierge sans le savoir, après un an de relations conjugales. Son mari, anormalement conformé, n'avait pu se livrer qu'à un simulacre du mariage ; si bien que ma sœur était devenue aux trois quarts hystérique lorsqu'elle fut éclairée, bien par hasard. Il ne lui restait qu'à divorcer, direz-vous. Mais elle s'était attachée à son mari, malgré tout. Bref, ce n'est qu'au bout de deux autres années de tourments, de malaises, de reproches, d'une existence misérable entre toutes qu'ils consentirent l'un et l'autre au divorce. Moi-même je me suis trouvée enceinte sans savoir pourquoi et j'ai failli commettre mille imprudences jusqu'au jour où notre médecin, consulté par mon mari, confirma celui-ci dans ses soupçons et me donna la conduite à suivre en pareil cas

— Aussi est-ce pour éviter quelque mésaventure de ce genre, ou toute autre plus grave encore, — car les malheurs dont nous pouvons être atteintes par ignorance sont innombrables, je le sais, — que j'ai instruit ma fille des choses de la maternité et que je vais l'avertir maintenant des dangers de la contagion syphilitique.

— Vraiment ? Je suis bien d'avis, aujourd'hui, qu'une jeune fille doit connaître la destination de ses organes, mais quant au danger dont vous parlez, il concerne plutôt les garçons ou encore les femmes qui « tournent mal » comme on dit.

— Vous croyez ? Quelle erreur est la vôtre, ma chère Madame Thomas. Je connais, moi, plusieurs femmes mariées qui tiennent la syphilis de leur lit de noces, et l'une d'elle, mon amie Suzanne, est si affreusement contaminée qu'elle n'en guérira jamais. Quand on l'a mariée, c'était une « parfaite jeune fille » selon le goût d'autrefois ; son ignorance était si grande qu'une fois rendue malade, elle disait à qui voulait l'entendre quels remèdes on lui avait ordonnés, — du mercure entre autres. Et c'est moi-même qui lui ai révélé le mal horrible que son médecin — après son mari — lui avait tu.

— Je commence à croire, en effet, murmura Mme Thomas...

— ... qu'il est indispensable pour les jeunes filles de savoir exactement en quoi consiste leur futur rôle d'épouse et de mère, acheva ma femme.

Louise entra sur ces mots avec le bébé de notre voisine dans ses bras ; ce qui fit dire à cette dernière :

— En vérité, voilà une fillette tout à fait prête à faire une maman.

— Tout à fait, non, rectifia ma femme. Louise n'est pas tellement occupée de maternité que cela. Les rubans et les divertissements ne la laissent pas indifférente, allez. Surtout en ce moment où il est question du mariage de sa cousine Henriette et par conséquent d'une prochaine fête nuptiale.

— Tu me le reproches, maman, fit Louise avec la petite moue charmante que nous lui connaissons.

— Nullement, mon enfant, lui assura sa mère.

On le conçoit d'ailleurs, nous n'avons jamais désiré voir notre fille occupée de choses graves plus que de raison. Nous sommes heureux de savoir qu'elle partage les sentiments des jeunes personnes de son âge ; nous trouvons en cela, joint au reste, la marque d'un parfait équilibre entre toutes ses facultés ; ainsi réalise-t-elle cet idéal pratique formulé par les anciens dans ces mots : un esprit sain dans un corps sain.

X

**La maternité doit être voulue. —
Les procréations criminelles. —
Faisons de beaux enfants Y Y**

Le mariage de la cousine Henriette a traîné quelque peu en longueur ; les fiancés étaient jeunes — dix-huit et vingt-quatre ans, — on pouvait attendre ; en sorte que deux années se sont écoulées depuis l'annonce de ce mariage jusqu'à la cérémonie nuptiale. Les parents de la jeune fille, très attachés aux vieilles coutumes — même absurdes ou contestables, — auraient cru commettre un grave tort envers leur enfant, s'ils ne s'étaient conformés en cette circonstance à toutes les règles traditionnelles : nombreuses invitations, plantureux repas de noces, bal, etc.

Habitués dès nos fiançailles à considérer les choses bien différemment nous n'avons pu, ma femme et moi, répondre à leur invite. On

nous connaissait assez pour nous en excuser.
Nous n'avons jamais caché que selon notre
manière de voir l'union de deux êtres qui
s'aiment devait s'accomplir dans la plus stricte
intimité, et que nos sentiments, très délicats
sur ce point, auraient souffert, alors même
que nous aurions figuré comme simples spec-
tateurs, des trop nombreux préparatifs, d'une
bruyante publicité et de ces interminables
congratulations, — parfois pleines de sous-
entendus gênants, — dont s'entoure une cérémonie compliquée. Mais Louise était trop jeune
pour sentir tout cela ; elle avait manifesté
si vivement le désir d'assister aux noces de
sa cousine, c'était un tel événement dans son
existence, que nous n'avons pu lui refuser
ce plaisir.

Elle en est revenue toute vibrante de sensations multiples et même, il faut le dire,
quelque peu changée. Depuis, elle ne tarit
plus sur ce sujet : elle a vu tant de choses,
elle s'est tant amusée ! Tous les jours elle
a quelque menu fait nouveau à nous conter ;
mais chaque fois nous avons remarqué qu'un
silence plein de secrètes songeries suivait ses
exubérantes explications. Bien souvent, depuis, nous avons cru lui voir un air absent ou

préoccupé ; plus qu'auparavant elle est sujette à des distractions dans son travail et
nous nous demandons si c'est le mariage de
sa cousine qui l'a troublée ainsi ou s'il s'agit
d'autre chose. Aux discrètes interrogations
de sa mère elle a toujours répondu qu'on
se trompait, qu'elle ne songeait à rien, qu'elle
n'avait rien à ajouter à son récit de la cérémonie et autres propos analogues. A quoi
rêve donc notre jeune fille ?

Ma femme se le demandait encore ce matin,
après avoir surpris un long regard vague
dans les yeux de son enfant, lorsque la
cousine Henriette, qui en est à son troisième
mois de mariage, est venue leur faire une
visite.

Reçue, comme on pense, avec de grandes
effusions, surtout de la part de Louise, elle
eut bientôt fort à faire pour répondre à la
double série de questions — parfois jaillissant
ensemble ou s'entrecroisant, — qui se mit à
pleuvoir sur elle. Enfin, comme ce flot s'apai-
sait un peu, Henriette en profita pour pousser
un : ouf ! amusé, suivi d'une pause ; après
quoi elle ajouta, en soupirant à nouveau :

— Tout cela serait très bien si...

— Si quoi ? firent deux voix, affectueusement.

— Si je n'étais pas enceinte. Puis se reprenant : Je puis dire cela devant Louise, n'est-ce pas ? C'est une grande fille, si instruite et si sage à la fois...

— Certainement, répliqua ma femme ; Louise sait fort bien qu'on a des enfants quand on est adulte et qu'on les désire. Mais dis-moi, Henriette, tu n'en désirais donc pas ?

— Oh ! si. Seulement... Seulement j'aurais bien voulu attendre un peu... deux ou trois ans, par exemple. Que veux-tu, c'est dur, à vingt ans, lorsqu'on commence à vivre, de se voir bientôt chargée de famille ; car enfin, après un enfant un autre peut venir, puis un troisième : quel esclavage en perspective, et comment les élever convenablement, tous ces enfants. Nous aurons assez de mal à joindre les deux bouts, mon mari et moi, quand je serai mère une première fois. Voilà bien de quoi soupirer. N'est-ce pas ton avis, ma tante ?

— Mon avis, c'est que la maternité doit être voulue. Créer de la vie ne devrait jamais être l'effet d'un hasard, et à plus forte raison d'un hasard malheureux ou considéré comme tel. Désiré ou non on ne peut pas ne pas chérir l'enfant né de soi, mais combien rares sont ceux qui l'ont aimé *avant*. En connais-tu seulement qui ont choisi leur heure pour procréer, et qui l'on fait dans la pleine conscience de leur acte, avec tout le recueillement que comporte une aussi grave fonction ?

Pour moi, lorsque j'ai désiré mon fils, et plus tard ma fille, il m'a semblé que j'étais investie d'un pouvoir sacré ; j'ai pensé que le corps où mes enfants allaient puiser la vie, devait être sain, vigoureux, mon esprit joyeux et paisible. C'est pour cela surtout que l'heure avait besoin d'être choisie, car je n'aurais point voulu léguer la vie avec un esprit tourmenté, rongé de soucis, avec un système nerveux ébranlé. J'ai compris, au contraire, qu'il fallait qu'il y eut alors de la beauté, en moi, autour de moi. Je lus quelques ouvrages élevés, tout imprégnés d'une sereine beauté ; je m'entourais de belles reproductions photographiques de chefs-d'œuvre antiques ; j'allais entendre, le dimanche, de grandioses productions musicales. Et je ne puis me souvenir sans émotion de ce moment où je sentis que la demeure de mes chers petits était prête ; enfin c'est dans un bouleversement indicible de joie et d'orgueil que je reçus en moi le germe qui les créa.

— Ce que tu dis-là me semble étrange, dit Henriette. Ainsi, selon toi, il faudrait concevoir à peu près comme on se prépare à la première communion.

— Assurément : ne s'agit-il pas de la communion de deux êtres dont un troisième doit résulter. Créer de la vie de propos délibéré n'est-ce pas s'élever au rang des dieux ? En fait, de même que Dieu se réjouit dans son œuvre, comme il est dit dans l'Ecriture, on éprouve une joie profonde, chaque jour renouvelée, à voir croître et se développer selon ses facultés propres, un être fait de la chair de deux êtres qui s'aiment.

Que des époux ne sentent pas la nécessité de la préparation dont je parle, passe encore ; mais que dire de ceux qui procréent comme par mégarde ou chez qui la conception est une sorte d'accident. Comment qualifier, surtout, ceux qui, se sentant gravement malades — les tuberculeux, les syphilitiques, etc., — et ne s'illusionnant pas sur les conséquences de leur acte, mettent au monde de pauvres créatures destinées à souffrir toute leur vie en maudissant leurs parents. Que penser de ceux qui, par égoïsme ou insouciance coupable, ajoutent à une progéniture déjà trop nombreuse, de malheureux enfants qui ne connaîtront de la vie que ses affres et ses misères ; souffrant de privations dans leur jeune âge, mal éduqués et par conséquent en état d'infériorité intellectuelle plus tard, ils mèneront une existence de parias et ne pourront qu'engendrer des vaincus de la vie comme eux. Tous ces parents sont de véritables criminels. Tu me demandais mon avis, le voilà.

Henriette paraissait troublée.

— Je l'avoue à ma honte, je n'avais jamais songé à toutes ces choses, dit-elle, et mon mari pas davantage. Je m'aperçois maintenant que j'agissais en égoïste en me préoccupant de ce qui m'adviendrait après la naissance d'un ou de plusieurs enfants, et nullement de ce qui pouvait leur advenir, à eux... Allons, il faut que je m'en aille ; j'ai d'ailleurs de quoi réfléchir longtemps avec notre entretien.

Sur ces paroles la cousine prit congé. A peine était-elle partie que Louise s'exclamait :

— Est-ce possible, maman ! On peut donc avoir un enfant non désiré ?

— Mais oui, ma fille ; la chose arrive assez souvent, par ignorance, il faut le dire. C'est là le grand danger que courent les jeunes filles en se confiant à l'homme dont elles s'éprennent, car beaucoup d'hommes sont assez lâches pour abandonner une femme après l'avoir rendue enceinte ; tu en as connu un exemple avec Jeanne Morin, la fille de notre boulanger, qui a tenté de se noyer le mois dernier, tu te souviens ? Il n'empêche qu'une fois mis au monde, les enfants non désirés sont aimés et choyés comme les autres ; il ne peut pas en être autrement avec ces faibles créatures sans défense qui se rattachent à vous par toutes les fibres de votre chair.

— Je crois bien, dit Louise ; ils sont si mignons, les tout petits. Moi je voudrais en avoir plein la maison et je ne comprends pas qu'on n'en désire pas toujours.

— Il faut de graves motifs, en effet, pour limiter volontairement la faculté de donner la vie. Quelques nobles esprits de notre temps pensent qu'au lieu de faire beaucoup d'enfants sans savoir ce qu'ils seront physiquement, ni ce qu'ils deviendront socialement, il vaut infiniment mieux en avoir peu et qu'ils soient sains et élevés dans les meilleures conditions possibles, de manière à former des citoyens robustes et éclairés ; ces hommes pensent, en un mot, que la qualité des naissances doit être préférée à la quantité.

Ce sont là de bien graves sujets, assez peu à la portée d'une jeune fille de ton âge. Mais il n'est pas trop tôt pour t'en donner quelques aperçus ; tu es très développée pour tes seize ans, rien ne s'oppose à ce que tu te maries bientôt : tu dois donc mesurer toute l'étendue des responsabilités que comporte le mariage, et la question des enfants en est la principale.

Sache tout d'abord qu'il est une nouvelle doctrine morale et sociale, appelée néo-malthusiasnisme. Le docteur Drysdale, un auteur humanitaire d'un grand cœur et d'un esprit éminent, en fut le premier apôtre. Le pasteur Malthus qui l'avait précédé dans cette voie — d'où le nom de malthusianisme — proclamait déjà, en 1798, date de l'apparition de son célèbre ouvrage : *Essai sur le principe de population*, que le premier devoir des époux était « de ne pas mettre au monde des enfants quand on n'a pas de quoi les nourrir. » Après lui, de nombreux écrivains et notamment le docteur Drysdale, ont essayé de montrer que la pauvreté, les épidémies, les crimes, infanticides et autres, avaient pour cause principale la procréation irréfléchie. Toujours est-il que les malheureux chargés de famille ne peuvent donner à la société que des déchets d'humanité, au moral comme au physique, voire de la graine de bagne, de lupanar ou de cabanon ; en somme des êtres destinés à grossir les rangs des assistés ou des asservis, parce qu'ils n'auront eu ni les soins ni l'éducation indispensables, leurs parents ayant à peine de quoi se suffire à eux-mêmes.

Le néo-malthusianisme se réclame des principes d'humanité et de philantropie intelligente. Devant le si navrant spectacle de tant de misérables, grouillant avec leur marmaille en des taudis infects, les partisans de cette doctrine s'émeuvent et demandent que de nouveaux petits malheureux, dont la moitié périssent en bas âge par manque de soins, soient épargnés à ces lamentables nichées, en même temps qu'une aggravation à l'existence de leurs ignorantissimes parents.

« Il est un grand corollaire, écrivait le docteur Drysdale, qu'on peut déduire du principe de population et qui suffit pour serrer le cœur et nous combler d'horreur, c'est que jusqu'à présent tout bonheur a été basé sur le malheur d'autrui. Personne ne peut être heureux sans causer inévitablement le malheur de son voisin.

« Quand tous se disputent le pain, l'amour et les autres biens, l'homme ne peut jouir d'un seul sans en priver d'autres individus. L'humanité ressemble à une forêt trop épaisse. Tous les arbres souffrent plus ou moins, mais les plus robustes parviennent à lever leur cîme à l'air et au soleil, et ce faisant ils tuent les rejetons faibles qui les environnent. De même ceux d'entre nous qui possèdent plus de talents que les autres, des corps ou des esprits plus robustes, ou qui sont nés dans des conditions plus favorables, s'emparent des biens de la terre qu'on se dispute avec tant d'âpreté. En le faisant ils détruisent ceux qui sont plus faibles. Aussi notre société est ce qu'elle fut toujours : un cahos d'injustice et de misère.

« Ces idées ne nous paraîtraient pas si étranges, si nous n'étions pas habitués à regarder le monde sous l'aspect le plus favorable. Si nous étions nés dans les haillons de la misère ; si le sort nous avait forcés, pour ne pas mourir de faim, à recourir au crime ou bien à la prostitution ; si le labeur incessant avait broyé nos membres et que, sans ami, sans aide, nous eussions été chassés de porte en porte par les agents de police ; — nous aurions une idée bien différente de la condition du monde, et la richesse et la civilisation dont nous voyons jouir nos voisins ne feraient qu'augmenter notre amertume. Alors les douleurs poignantes nous eussent enseigné cette triste vérité : que pour les pauvres le progrès de l'humanité est un mensonge et que la prospérité des riches est basée sur leur travail, leurs souffrances et leur misère. » (1)

Parlant de la dépopulation, un auteur récent disait éloquemment :

« Au lieu de gémir et de s'indigner il vaut mieux voir ce qu'il y a de grand et de beau dans l'attitude de l'homme moderne à l'égard de la procréation : il ne veut plus que la naissance d'un enfant soit le produit du hasard, un accident souvent désastreux ; il estime que la raison humaine a voix au chapitre dans l'acte le plus grave de l'exis-

(1) *La pauvreté, sa cause, son remède.* G. Drysdale. Éditions néo-malthusiennes, 15, Rue d'Orsel, Paris, 1 vol.

tence : la création d'une vie nouvelle ; il juge enfin que la paternité et surtout la maternité, pour avoir toute leur noblesse, doivent, non pas être subies comme une fatalité, mais voulues, consenties avec un plein sentiment des responsabilités qu'implique la procréation. » (1)

On l'a dit bien souvent : lorsqu'il s'agit de porcs, de moutons ou de chevaux, les accouplements sont ménagés en vue de maintenir ou d'améliorer les qualités de la race. Les soins et le talent sont dépensés largement et les résultats, toujours excellents, atteignent parfois à l'extraordinaire. Mais pour la race humaine, plus de règles, plus de conseils, plus de soins, plus rien. Que les dégénérés fassent des crétins ou des scrofuleux ; que les alcooliques engendrent des infirmes ou des aliénés, qu'importe ! Que les miséreux s'entourent d'un grouillement de petits êtres qui n'auront pas la moitié des soins qu'on donne au simple bétail, qu'importe encore : la société ne s'en soucie point.

Mais c'est l'honneur du néo-malthusianisme d'avoir entrepris de propager des idées de haute moralité à propos de tous ces faits. Si

(1) Robert Hertz, *Socialisme et dépopulation*.

certains points de la doctrine sont discutables ou quelque peu difficiles à étudier, il en est un, du moins, qui t'apparaîtra clairement et qui ne peut être réfuté : c'est le devoir absolu pour tous les époux atteints d'une affection grave de ne point procréer. Je t'ai parlé quelquefois de ces maladies, entre toutes virulentes, qu'on nomme la tuberculose et la syphilis ; tu sais combien est grande leur contagion et quels terribles effets elles produisent chez ceux qui la tiennent de leur naissance.

— Oh, oui, maman, dit Louise tout apitoyée ; je n'ai rien oublié à ce sujet, je t'assure, et je pense souvent à la pauvre petite Germaine et au malheureux Léon que tu m'as montrés.

— Mais ce que je ne t'ai pas encore dit c'est que le père de Léon, qui était syphilisé et le savait, a voulu cet enfant dans l'espoir que le pauvre petit prendrait tout son mal à lui ! Oui, la chose est à peine croyable et pourtant elle est vraie: il y a des êtres humains capables d'un acte d'égoïsme aussi monstrueux et il faut ajouter: il y a des préjugés aussi imbéciles que celui de croire qu'on peut se débarrasser d'une maladie en contaminant autrui ou en la léguant à son enfant. Et c'est ainsi que le petit Léon traîne une existence affreuse, toujours couché dans sa voiture, le corps rongé d'ulcères, et que la petite Germaine restera défigurée par la scrofule, chétive, souffreteuse, faisant peine à voir, jusqu'à ce qu'elle finisse sa vie de misères, vers la quatorzième ou la vingtième année.

Car, chose non moins horrible, les parents de Germaine, tuberculeux tous deux, étaient conscients de leur mal, de ses suites certaines, et la mère elle-même, je l'ai su, a osé désirer cette enfant, dans l'espoir qu'elle emporterait sa maladie et qu'elle, la mère, serait guérie !

L'histoire de ces malheureux enfants, bien connue de ma femme et de moi, était trop atroce pour la sensibilité de notre fille. A peine ma femme achevait-elle que Louise éclatait en sanglots.

— Ne t'affecte pas ainsi, ma petite fille, dut lui dire sa mère. Ces faits odieux seront dorénavant de plus en plus rares, il est permis de l'espérer. Les notions morales sur l'union sexuelle se répandent rapidement. Un jour viendra où l'humanité et la raison l'emporteront à peu près partout.

« Jusqu'à présent, dit le professeur Pinard, l'acte procréateur n'a été qu'un acte instinctif. C'est le seul de nos instincts n'ayant pas été civilisé. L'acte le plus grand, le plus élevé que puisse commettre l'homme pendant son existence, celui dont dépend la conservation de l'espèce est accompli au xxe siècle comme à l'âge de pierre. »

Et en effet l'on fonde une famille à peu près comme il y a dix mille ans. Cet acte capital pour l'individu, pour la société, pour la race, s'accomplit autant dire comme chez les animaux qui vivent par couples. On se contente — quand on s'en inquiète ! — d'un aperçu sommaire sur le tempérament et le caractère et puis c'est fait, on s'unit définitivement : bien pis, on procrée sans souci de ce qui en résultera. Et pas même un examen médical au préalable !

Mais on ne vivra pas toujours selon de purs instincts ; l'homme tend sans cesse davantage à se dégager de l'animalité, il faut lui faire confiance, mon enfant.

Une tasse brisée. — La continence chez la femme. — Conception, anticonception et choix du sexe.

Un de ces derniers dimanches, à la fin du déjeuner, Paul et Louise discutaient sur l'emploi de leur après-midi, lorsque le timbre de la sonnette résonna dans l'entrée.

— Voilà qui vous mettra peut-être d'accord, dis-je aux jeunes gens.

Paul alla ouvrir puis revint accompagné de Maurice, le mari d'Henriette, de celle-ci et d'un jeune homme que nous ne connaissions pas.

Louise, qui était debout près de la cheminée où elle avait déposé sa tasse à café, se retourna pour la mettre sur la table. Maurice entra juste à ce moment en disant :

— André Mercier, le cavalier...

Mais il n'acheva pas. Louise qui, en entendant les premiers mots, avait aperçu le nouveau venu, fut prise d'une rougeur et d'un tremblement subits et laissa échapper la tasse de sa main. Le bruit de la tasse se brisant sur le parquet ne fit qu'augmenter sa confusion et notre pauvre fille, contenant à grand peine ses larmes, courut s'enfermer dans sa chambre.

Nous l'excusâmes sans difficulté. Les jeunes filles, qui se troublent souvent à ce point pour moins encore, rencontrent auprès de chacun, on le sait, les trésors d'indulgence que confèrent la pudeur, la jeunesse et la grâce. Nos visiteurs étaient au surplus de très aimables gens. André Mercier nous eut vite conquis à son tour par son apparence de jeune homme cultivé, aux manières simples et ouvertes, et aussi par la grande réserve qu'il avait montrée en laissant passer plusieurs mois avant de se présenter au domicile de sa jeune compagne de fête. Nous le priâmes de revenir, l'assurant que Louise lui ferait un accueil un peu différent.

Les visiteurs partis, ma femme accourut dans la chambre de la jeune fille.

— Voyons, ma chère enfant, lui dit-elle, parle moi avec confiance, veux-tu ? Ne suis-je pas ton amie autant que ta maman. Ce serait la première fois qu'il y aurait un secret entre nous. Or depuis quelque temps, je te trouve nerveuse, irritable ou mélancolique. Tiens ! c'est depuis le mariage d'Henriette... Et tantôt encore... Quelle étrange attitude tu as eue devant M. Mercier... Dis-moi, Louisette, est-ce que ?...

Mais elle, se jetant dans les bras de sa mère ne sut que s'écrier dans une nouvelle crise de larmes :

— Oh ! maman ! Que je suis malheureuse...

— Enfant... murmura sa mère en pressant la tête de la jeune éplorée sur sa poitrine et en faisant le geste de la bercer, dans un mouvement instinctif tout maternel. Te voilà vraiment heureuse pour la première fois, au contraire. Va, sèche tes yeux, et s'il t'aime, si c'est un brave garçon, eh bien ! nous te marierons. Là... es-tu contente ?

André Mercier n'avait pu, de son côté, cacher toute sa déception devant l'absence de notre fille, qui par sa fuite désordonnée nous avait si ingénûment découvert leur secret. Les jeunes gens, nous en eûmes bientôt la certitude, s'aimaient depuis le jour de leur rencontre ; mais Louise osait à peine s'avouer à elle-même un sentiment aussi troublant pour un jeune cœur qui n'avait point encore battu. André, lui, s'était borné à parler à tout propos de Louise devant ses amis, jusqu'au jour où ceux-ci nous l'amenèrent, non sans difficulté, paraît-il. Nous crûmes voir en cela la timidité d'un premier amour chez un jeune homme plein de réserve ; l'avenir nous apprit que nous ne nous trompions pas.

Maurice, sa femme et plus tard Paul lui-même, ont été des plus élogieux sur le compte du jeune prétendant. Il jouit d'une excellente santé et c'est là, selon nous, un point d'une importance bien supérieure à celui de la situation de fortune. Nous ne pouvons donc qu'approuver l'union de notre fille et d'André de tout notre cœur.

Louise n'a pas encore dix-sept ans, mais elle est grande, entièrement développée, vraiment femme, en un mot. Sa santé pourrait souffrir d'un célibat prolongé : nous ne sommes pas de purs esprits et l'instinct sexuel n'est point une vaine parole.

On pense communément que les femmes, et surtout les jeunes filles, ne souffrent pas de la continence. C'est là une grave erreur que combattent la plupart des médecins.

« L'exercice nourrit et fortifie un organe ; le manque d'exercice l'affame et l'affaiblit. C'est l'opinion de tous les physiologistes que la nutrition et la santé des muscles, des nerfs, des glandes, et d'autres tissus, dépendent d'une quantité suffisante d'exercice approprié ; de plus si des organes importants ne sont pas dûment exercés, non seulement leur propre vigueur diminue, mais celle de tous les autres organes. L'idéal de santé consiste évidemment dans l'exercice normal de toutes les fonctions du corps.

« Chez une femme dont la constitution est susceptible, lit-on dans l'*Encyclopédie de médecine pratique*, et qui n'est pas mariée, le système de reproduction dont chaque changement implique beaucoup d'autres changements, agit fortement sur le système général, et dans certaines circonstances il trouble toutes les fonctions du corps et de l'esprit, telles que la digestion des aliments, la circulation du sang, le jugement, les affections, le caractère. Dans un grand nombre de cas, le mal disparaît par le mariage qui, en éveillant les fonctions naturelles, calme toutes la série d'irritations et d'actions morbides.

« La même opinion est exprimée par le

Dr Ashwel, par Carter, Villermay et, en fait, par tous ceux qui sont versés dans les affections des femmes. Carter maintient que l'hystérie est essentiellement une maladie d'émotions réprimées et cachées, spécialement des émotions qui se rapportent au système sexuel.

« Dans le *Dictionnaire des Sciences médicales* Villermay dit : sur dix hystériques, neuf le sont par continence. La chlorose, une autre maladie fort commune chez les jeunes filles et qui cause des souffrances de toute espèce, est fréquemment due à la continence et aux désirs contrariés. La continence produit non moins fréquemment des désordres dans la sécrétion menstruelle. Elle prédispose aussi fortement à beaucoup de maladies inflammatoires des ovaires et de la matrice, maladies si communes de nos jours, comme on l'a récemment prouvé.

« Après avoir passé en revue la longue liste de médecins et d'applications auxquelles la routine a encore recours pour traiter l'hystérie. Villemay dit : Toutefois, ces médicaments intérieurs et extérieurs ne sont susceptibles que d'un certain nombre d'applications particulières et ne peuvent en général revendiquer qu'une action indirecte, et secondaire.

Le moyen qui offre le plus d'avantages et dont l'influence est la plus directe et la plus générale, ce sont les plaisirs de l'hymen. Hippocrate conseille le mariage aux jeunes filles atteintes de vapeurs hystériques ; Hoffman, Reil, Boerhaave, Pinel, Esquirol, Duvernoy et tous les bons observateurs anciens et modernes ont adopté ce précepte, que l'expérience la plus constante et la plus authentique confirme tous les jours. » (1)

Notre expérience de la vie, l'observation de nos enfants, les conseils des hommes de science, tout nous le dit : il est bon, il est excellent que les jeunes filles soient mariées jeunes. Ainsi donc, au lieu d'arriver au mariage vers vingt, vingt-deux ou vingt-cinq ans, avec une imagination enfièvrée, des nerfs malades, ou pis encore, avec un commencement d'hystérie, comme en ont tant de jeunes filles malades « d'on ne sait quoi », disent les parents et auxquels les médecins répondent « il faut un mari », notre Louise gardera sa bonne santé morale et physique et goûtera de bonne heure les joies saines d'une union bien com-

(1) *G. Drysdale* (Op. cit.)

prise. Pareille union ne sera point troublée par ces querelles dues à la nervosité de jeunes femmes qui ont trop attendu l'heure du mariage.

Devant l'imminence de l'événement, il importe en tous cas que notre jeune fille possède les quelques notions scientifiques qui lui restent à connaître, touchant les relations sexuelles et leurs conséquences.

Fidèles à notre méthode, il ne nous restait plus qu'à attendre qu'une remarque de notre fille elle-même, un point de science on un fait d'observation quelconque nous donnât l'occasion d'en parler.

Avec des enfants habitués à l'étude et à la réflexion, cette occasion ne pouvait tarder longtemps à se produire. Dès qu'elle s'est présentée nous avons parlé, et cela nous a paru infiniment préférable à ces conseils brutaux et équivoques, bien faits pour jeter le désarroi dans l'esprit d'une jeune fille après une journée pleine d'émotions et de surmenage, qu'une mère laisse tomber en rougissant dans les oreilles de son enfant effarée, quelques instants avant de la livrer à un butor ou à un imprévoyant égoïste.

Soit dans les conversations saisies de çi de

là, soit dans les journaux ou les romans, que de fois n'entend-on pas parler d'épouses qui se désolent de n'avoir point de progéniture. Cela pouvait fournir le prétexte de l'explication cherchée ; cependant ce fut à propos d'un livre d'Histoire que Louise en vint à poser la question que nous attentions depuis un temps.

Elle feuilletait un soir un gros ouvrage sur Napoléon, lorsqu'elle s'arrêta un instant pour réfléchir. Puis elle dit :

— Maman, pourrais-tu m'expliquer ceci : l'Histoire parle de rois qui répudièrent leur femme parce qu'ils n'en obtenaient point d'enfant et je vois ici un passage où il est question du divorce de Napoléon, divorce basé en partie sur le même motif. Tu me disais pourtant, le jour de la visite d'Henriette, si je ne me trompe, qu'on pouvait avoir des enfants non désirés. Ainsi les uns en ont sans les avoir voulus, tandis que d'autres en désirent vivement et ne peuvent en avoir : d'où cela provient-il ?

— La stérilité, lui fut-il répondu, provient principalement d'une mal conformation des organes féminins. Qu'une femme ait un vice de formation à la matrice ou aux ovaires, par exemple, elle ne pourra concevoir, car il faut bien peu de chose pour que les organes de la génération restent stériles ; par contre, chez celles qui sont bien ĉnformées, il faut bien peu de chose également pour amener la conception. Tu te souviens de ce que je t'ai dit sur l'appareil génital des plantes, des insectes et des animaux. Réunis chez les plantes et les animaux hermaphrodites, ou séparés chez les autres, ces organes contiennent, nous l'avons vu, des millions d'œufs ou de germes, la nature les distribuant avec une profusion inouïe afin d'assurer la perpétuation des espèces, espèce humaine comprise. Il s'ensuit que du moindre contact de deux organes adultes bien conformés doit résulter la génération.

Il est des cas néanmoins où des époux ont le devoir de ne point procréer et j'en ai cité quelques-uns devant Henriette. Tu me diras qu'au cas où les époux ont de graves raisons pour ne pas désirer un enfant ils n'ont qu'à s'abstenir de rapprocher leurs organes. Mais la nature, toujours pour s'assurer la repro duction, a voulu qu'il y eut, entre les êtres d'une même espèce, un attrait extrêmement vif d'un sexe pour l'autre. C'est pourquoi elle pare de tant de grâces les jeunes filles nubiles et qu'elle donne, au printemps, des couleurs si ravissantes aux insectes, aux oiseaux et aux fleurs. Cet attrait, c'est l'amour tel que le sentent tous les êtres animés et qui fait exhaler aux rossignols des mélodies si pures, si tendres, si passionnées. Chez les hommes, pareil attrait se complique et s'élève de tout la hauteur de sentiment dont nous sommes capables ; de là vient l'immense tendresse que l'on éprouve l'un pour l'autre dans l'union de deux êtres de sexe différent ; union parfois si intime, si profonde, qu'on ne forme plus, semble-t-il, qu'une pensée en deux esprits, un cœur en deux corps.

Ainsi voulue, enjolivée par la nature, l'attirance sexuelle ne saurait être combattue sans porter un grave préjudice à l'organisme tout entier et même au caractère. L'humeur acariâtre que l'on reproche aux vieilles filles n'a point d'autre origine.

Mais si la nature destine les rapports sexuels à la reproduction, peu de femmes cependant résisteraient à enfanter sans interruption, je veux dire sans autre intervalle que celui de la grossesse et de l'allaitement. Les époux les plus robustes doivent donc, eux aussi, laisser quelque intervalle entre une conception et une autre. En conséquence il faut qu'on puisse s'abandonner aux enivrements de l'hymen sans que la conception s'ensuive. Presque tout le monde agit ainsi, encore que les hypocrites n'en veuillent point convenir et qu'ils défendent d'en parler aux ignorants, c'est-à-dire à ceux qui auraient le plus besoin de savoir : les malheureux surchargés de famille, les alcooliques et les malades. Divers moyens sont employés pour éviter la conception non désirable. Je te parlerai d'un seul qui est, la plupart du temps, d'une efficacité suffisante pour un jeune ménage.

Afin de me faire mieux comprendre je dois te dire en quoi consiste exactement la conception. L'ovule, végétal ou animal, contient la substance d'un nouvel être ; mais il lui faut pour l'animer le germe, l'étincelle de vie que possède seul l'organe mâle. Ces germes, que les organes mâles des plantes renferment dans le pollen et les organes des poissons dans la laitance, se trouvent chez l'homme dans ce qu'on nomme le liquide spermatique. De même que la poussière pollinique, en pénétrant du stigmate dans le style, va porter ses germes fécondants jusque dans l'ovaire où se trouvent les graines ; de même le fluide humain féconde les ovules féminins en faisant pénétrer les germes qu'il contient dans l'utérus et de là dans les trompes où l'ovule descend, à sa maturité. Chaque émission de ce fluide projette des millions de germes appelés spermatozoïdes.

Vu au microscope, le spermatozoïde res-semble à un têtard de grenouille par sa forme et par ses mouvements. Car c'est une sorte d'a-nimalcule doué de lo-comotion ; il se meut

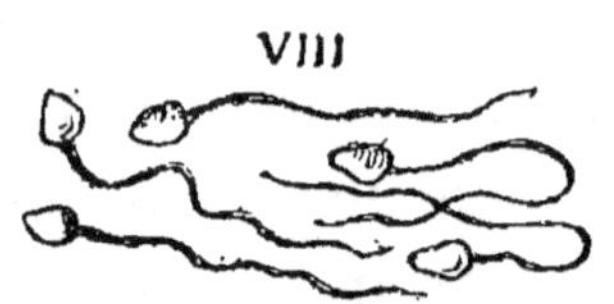

Spermatozoïdes ou germes humains
(grossis 400 fois).

à la vitesse d'environ trois millimètres à la seconde, ce qui est rapide pour une cel-lule dont la longueur est d'un vingtième de millimètre. Composé, comme le têtard, d'une tête et d'une queue, il se dirige à la façon d'une anguille, la queue servant de propul-seur. Un seul d'entre eux fusionnant avec l'ovule détermine la grossesse.

Attirés dans la direction de l'ovule, un grand nombre finissent par l'atteindre, l'as-saillant de tous côtés ; mais un seul doit pénétrer, par un point où le vitellus forme une petite proéminence, appelée cône d'attraction. Le plus favorisé ou le plus agile parvient à traverser, tête en avant, la membrane de l'ovule au point voulu ; aussitôt une nouvelle membrane se forme à l'intérieur de la précédente qui interdit le passage à tous les autres spermatozoïdes.

Le problème consiste donc à empêcher les germes de parvenir jusque-là. Pour une jeune femme qui n'a jamais été mère, on peut, en général neutraliser l'effet du fluide masculin au moyen des irrigations. A l'injection de propreté que tu prends tous les jours il suffit d'ajouter, par exemple, une cuillérée à café de formol ou de poudre d'alun par litre d'eau préalablement bouillie. Seulement cette injection doit être prise par deux fois, l'une un peu avant tout rapprochement sexuel, l'autre très peu après. Les substances acides ajoutées à l'eau détruisent les germes ou, ce qui revient au même, paralysent leurs mouvements.

Tu comprends à présent qu'il soit possible, sauf erreur, car il n'y a point de certitude absolue en ces matières, de choisir son heure pour concevoir, je veux dire l'heure la plus propice à la fois pour les parents et pour l'enfant à venir.

— Je comprends, dit Louise. Mais est-ce qu'il n'est pas possible de choisir aussi le sexe de l'enfant désiré ? Comment se fait-il que certains ménages, celui du tzar Nicolas, par exemple, aient plusieurs filles à la suite tout en désirant un héritier mâle, au moins pour commencer.

— Ceci, mon enfant, nous ne le saurons probablement jamais. Plusieurs théories très ingénieuses ont été émises, dans ces dernières années, par de savants observateurs convaincus qu'on peut s'assurer à l'avance du sexe désiré, moyennant certaines précautions ou certains procédés d'alimentation. Mais il est à croire que ces affirmations seraient infirmées par de nouvelles expériences ou observations. S'il en était autrement l'équilibre des naissances risquerait fort d'être rompu au détriment d'un sexe ou de l'autre et la race s'en ressentirait. La nature paraît garder les secrets dont dépend la vie de l'espèce.

Il en est de cela comme de la prolongation indéfinie de la vie, au moyen de sérums ou autres produits. Ces deux visées de l'homme, trop perturbatrices des lois naturelles, resteront sans doute des chimères.

XII

**Les besoins sexuels. — Leur satis-
faction chez les animaux. — Élévation dans l'échelle animale
par la domination de l'instinct.
— Conclusion**

Notre tâche d'éducateurs a pris fin. Louise
est mariée ; Paul ne tardera pas à suivre cet
exemple si nous en croyons certains indices.
Ce serait un bienfait pour celui-ci également.
nous le reconnaissons, car la chasteté ne lui
vaut rien. Voici trois ans qu'il en souffre.
J'en ai eu la première certitude aux environs
de sa dix-septième année. Je me reporte
à cette époque ; je nous revois cheminant
tous deux dans la campagne, à l'automne ;
puis je songe aux pensées qui nous agitaient
à son endroit, ma femme et moi, et voici
que passent dans ma mémoire tous les instants, tous les propos de cette journée.

Qu'on me permette de rappeler tout cela.

L'initiation sexuelle de notre fils est un fait

12

accompli ; on a vu qu'il n'y avait aucune-
ment lieu de le regretter, bien au contraire.
Mais les parents ne cessent jamais de nourrir
des inquiétudes à l'endroit de leur progéniture. Paul a beau approcher de ses dix-sept
ans et posséder avec la raison, la science
d'un homme dans un esprit d'adolescent, je
ne suis pas pour cela complètement rassuré
sur la manière dont il satisfera — ou sup-
portera — pendant quelques années encore
ses besoins sexuels.

En dépit de ses beaux sentiments et de
sa mentalité élevée, la nature parle fort en
mon fils. Il est robuste, épris d'art, de tout
ce qui se rapporte à la beauté et ses désirs
sont vifs, je le sais. Il doit en souffrir ;
mon rôle consiste à provoquer discrètement
ses confidences pour le soutenir dans cette
épreuve ; sa force morale est peut-être ébran-
lée ; il me saura gré de l'avoir deviné.

Son ami Charles ne l'accompagne plus dans
ses courses dominicales. J'ai tout simplement
pris sa place. Ce dernier dimanche nous
vagabondions à travers champs, en quête
d'observations entomologiques, botaniques et
autres ; ç'a été, comme on pense, l'occasion
d'une longue causerie.

— Dis-donc, lui ai-je demandé bientôt en allumant une cigarette, entre nous, Charles a une maîtresse ?

— Entre nous, oui. C'est une veuve, dans la trentaine, très aimable.

— Tu l'envies ?

— Hé ! il y a de quoi, fit mon jeune homme soudain tout songeur. Puis il reprit :

— Les prostituées ne me disent rien, tu le sais. J'aurais scrupule à « faire du boniment » à une femme mariée ; je ne me sens pas le courage de courir le risque de détruire un foyer. Mais s'il s'agit d'une femme libre, pas vulgaire, que l'on peut aimer vraiment, alors, je l'avoue, je souffre de ne pas connaître cette femme-là.

— Mon pauvre Paul, lui dis-je, les hommes ne sont pas assez sages pour organiser leur bonheur. Ils font au contraire tout ce qu'ils peuvent pour se rendre la vie dure les uns aux autres, particulièrement en matière sexuelle. Si, au lieu de mépriser stupidement les femmes qui se donnent — c'est assez pour celles qui se vendent ! — ils les honoraient comme elles devraient l'être, les jeunes gens de ton âge trouveraient toujours une tendre Lycénion, en attendant de s'attacher leur Chloé. Devenue matrone, Chloé aurait la joie à son tour d'initier quelque aimable adolescent, juste compensation des plaisirs dont Daphnis aurait joui en l'initiant elle-même. Ainsi tout le monde serait heureux.

Jusque là, ceux dont la délicatesse répugne à cette caricature de l'amour qu'offrent les femmes vénales, devront s'armer de tout leur courage et attendre l'heure de fonder un foyer. Il y aurait bien une autre solution : ce serait le mariage jeune — dix-huit ans pour les garçons, seize ans pour les filles, — à condition de ne pas faire d'enfants avant d'être en mesure de les élever et même d'avoir atteint la pleine formation. Mais cette solution rencontre de graves difficultés économiques, sauf peut-être à la campagne. Et puis, si les jeunes gens se trouvent bien de rapports sexuels effectués de temps en temps, il serait à craindre, pour la plupart, que leur organisme ne souffrît d'un exercice trop prématurément fréquent des fonctions génésiques, comme ce serait le cas dans la vie conjugale. A dix-huit ans, les muscles sont encore fort peu solides. Des portions de vertèbres commencent à peine à s'ossifier à seize ans, et le travail de consolidation n'est souvent achevé qu'après vingt-cinq ans.

Mais ici mon Paul m'arrêta tout net. Sa conception de l'amour — conception que partagent nombre de jeunes gens, et Paul est un adolescent après tout, — se refuse à admettre l'idée du mariage.

— Ah, non, tu sais, le ménage avec tous ses mesquins soucis, je ne comprends pas cela. On peut bien s'aimer tout en vivant chacun de son côté ; ne se voir que pour s'aimer, voilà le rêve.

— Assurément, acquiesçai - je, mais que veux-tu, tout le monde n'a pas la chance de ton ami Charles ; à défaut, eh bien, il n'y a qu'une chose à faire. Occuper d'abord sa pensée d'art, de science, l'élever, par ce moyen, le plus possible au-dessus de ses désirs, en songeant qu'en se meublant et en s'affinant ainsi l'esprit, on se rendra digne, pour plus tard, d'amours bien plus belles que celles dont on pourrait rêver à ton âge.

C'est ce que j'ai fait moi-même, instinctivement ; j'en ai été récompensé, je puis le dire, quand je me suis vu agréé par une femme exquise, ta mère, à laquelle je n'aurais pas osé prétendre auparavant.

Du reste les hommes ne sont pas les plus mal partagés sous ce rapport. Si les bourdons, par exemple, sont tous appelés, combien peu sont élus ! Et les phoques !

J'ai lu dans je ne sais plus quel ouvrage, le récit de leurs amours ; c'est une chose vraiment terrible pour les jeunes animaux de cette espèce. A l'époque du rut, mâles et femelles s'installent sur la terre ferme ; chaque mâle adulte s'empare de sept à huit femelles qu'il va parquer au haut d'une falaise escarpée, comme elles le sont toutes dans ces sauvages régions polaires. Les jeunes mâles arrivent péniblement à leur tour, en se traînant sur leurs moignons de pattes. Mais la jalousie des vieux est féroce ; nuit et jour ils montent la garde autour de leurs femelles ; à peine un jeune intrus s'est-il approché qu'il est reçu à coups de dents et poussé au bord de la falaise. Une nouvelle attaque du jaloux l'envoie rouler dans l'abîme, et c'est miracle s'il tombe à l'eau, tant les bords sont hérissés d'un cahos de roches déchiquetées, aux arêtes tranchantes ou aux pointes acérées.

Le deuxième arrivant est reçu de la même manière, et ainsi de suite pour toute la file des jeunes individus qui grimpent le long de l'étroit sentier à l'appel de l'amour. Dès qu'ils ont touché l'eau, ils repartent, meurtris, sanglants, déchirés, et refont l'ascension de leur calvaire. Et cela dure non pas un jour ou deux, mais trois longues semaines, parfois un mois entier ! Combien trouvent la mort dans cette course épouvantable à la volupté, on ne saurait le dire. A la fin, les vieux mâles, exténués par le jeûne, les veilles et le reste, abandonnent la place et courent chercher leur pâture dans les flots. Rares sont les femelles qui ne les imitent aussitôt ; non moins rares sont les jeunes phoques qui peuvent profiter de leurs derniers instants consacrés au rut. Dans quel état ils se trouvent alors, tu peux l'imaginer.

— Les animaux ne sont pas moins cruels que les hommes murmura Paul, tout remué par mes paroles.

— Certes non, dis-je, mais ils sont excusables ; ils vivent selon la loi de nature, et la nature ne connaît pas la pitié. Les hommes, eux, sont sortis de l'animalité en devenant pitoyables ; un grand nombre de leurs malheurs proviennent de ce qu'ils oublient souvent de se guider dans leurs rapports entre cux, sur ce sentiment tout humain qu'on nomme la pitié.

Il y a longtemps, il est vrai, que les plus musclés ne séquestrent plus des femelles sous la menace de leur massue ; il y a longtemps que les vieillards ne sont plus assommés dès qu'impropres à trouver leur subsistance. Déjà, les institutions inspirées par la pitié envers les enfants, les vieillards, les infirmes ou les malades se multiplient dans les pays civilisés.

Le jour où nous appliqueront ce sentiment hautement civilisateur aux choses de l'amour ; lorsque toute vie sera sacrée, et que toute jeune fille ou toute femme portant une vie en germe dans ses flancs sera honorée, quelles que soient les circonstances dont cette maternité s'entoure ; lorsque tout être sera libre de disposer de son cœur et de son corps à son gré ; lorsqu'on ne verra plus ni maisons de prostitution, ni prisons pour femmes, bien des maux dont souffre l'humanité auront disparu.

— Oh ! la pitié... interrompit mon Paul, cela n'existe guère. Est-ce que les riches se dépouillent en faveur des malheureux plus souvent qu'autrefois ?

Ici je dus réfléchir que mon fils, sans avoir lu Stuart Mill ni feuilleté Nietzsche, avait

respiré un autre air que celui de ma génération. Avec plus de sens pratique, les jeunes
gens de nos jours semblent faire montre
d'une mentalité un peu plus complexe que
n'en eurent leurs pères ; l'industrialisation
quasi universelle à laquelle nous assistons,
la diffusion des connaissances, devait donner
naissance à une philosophie particulière à
notre époque ; du moins me souvient-il qu'aux
environs de la dix-huitième année la vie
m'apparaissait à travers une grande géné-
rosité d'âme, assez simpliste je l'avoue. Au
lieu de conformer mon langage aux façons
de sentir de mon adolescence, je voyais à
présent que j'eusse mieux fait de dire ma
pensée tout entière. Reconnaissant implici-
tement mon erreur, je repris donc :

— La pitié, évidemment, est un piètre fac-
teur de civilisation comparé au puissant sti-
mulant qu'est l'intérêt des individus et des
collectivités. L'intérêt contribue fort à l'adou-
cissement des mœurs ; on peut même dire
que les rapports sociaux s'améliorent grâce
surtout à l'intérêt bien compris de tous et
de chacun. Cet intérêt là se nomme alors
Entr'aide ou Solidarité, deux noms au moins
aussi beaux que celui de Pitié.

Il faut en convenir, le principe dominant de notre temps est le principe de la lutte ; l'on doit reconnaître également que bien des progrès lui sont redevables.

Lutte des savants qui, par passion pour la science, s'acharnent de découverte en découverte ; lutte des individus que la fureur des richesses fait s'ingénier à l'application de ces découvertes ; lutte des citoyens contre la tyrannie de l'Etat, d'abord autocratique, et qu'ils veulent de plus en plus démocratique ; lutte du peuple enfin, qui fut esclave, manant, salarié aujourd'hui, et qui aspire à se libérer de cette nouvelle forme de servage : partout la lutte est manifeste.

A la base de tout cela on peut ne voir que l'intérêt. De même pour les asiles, les hôpitaux et autres institutions de bienfaisance. C'est l'intérêt des heureux de prévenir le vagabondage des malheureux, par l'asile, l'orphelinat, l'assistance par le travail, etc., comme c'est leur intérêt de prévenir les épidémies par les soins donnés gratuitement aux malades, l'assainissement des lieux malsains et ainsi du reste. Dans une société organisée il est bien vrai qu'il en coûte peu à chacun de se prémunir contre un grand nombre de maux qui deviendraient effroyables s'ils n'étaient enrayés et qu'ainsi l'on agit par intérêt bien entendu.

Mais cet intérêt bien entendu appliqué à toutes les formes de la vie en société devient, je te l'ai dit, quelque chose de plus grand et de plus fécond à la fois qu'on nomme : solidarité. Voilà le grand principe d'où découleront, lorsqu'il sera mieux compris de tous, les plus nobles des progrès : les progrès moraux, — sans préjudice des autres, bien au contraire.

L'homme ne peut vivre qu'en société. Or les conditions de la vie moderne rendent les groupes humains solidaires les uns des autres et resserrent, par la force des choses, la solidarité qui devrait relier étroitement les hommes, en commençant par ceux qui souffrent le plus d'une organisation sociale encore pleine des legs des époques barbares.

Dans la grande famille humaine, il n'est pas de maux dont un de ses membres est affligé, qui ne dussent toucher tous les autres membres. A la vérité, on voit souvent des peuples entiers s'émouvoir d'une catastrophe survenue dans un pays étranger, proche ou lointain. Qu'un incendie éclate, tous les voisins des sinistrés accourent pour leur venir en aide, là où il n'existe pas de service public contre les incendies. Bien d'autres exemples de solidarité peuvent être constatés.

Ce qu'il faut dire surtout c'est que, grâce au prosélytisme d'hommes généreux et éloquents, le sens de la solidarité s'étend un peu plus chaque jour à tous les côtés de la vie. Grâce à eux les citoyens les plus déshérités se liguent aujourd'hui pour exiger de la société tout entière une amélioration à leurs misérables conditions d'existence ; les injustices dont ceux des leurs sont victimes mettent souvent debout tous les opprimés à la fois, prêts à combattre ou à faire les sacrifices que les circonstances nécessitent.

Appliquée à toutes les formes de la lutte pour la vie meilleure, la solidarité ne peut manquer de donner bien-être et sécurité à ceux qui souffrent de toutes les privations et que tourmente la crainte des pires lendemains.

La solidarité universelle, la recherche en commun de la vérité, du bien général, nous vaudraient rapidement ce monde plus juste, plus libre et plus beau auquel chacun aspire.

En attendant que les choses elles-mêmes imposent le grand principe de la solidarité ou que les hommes le prennent bénévolement pour ligne de conduite, accueillons comme une douce transition le sentiment de la pitié partout où il se rencontre.

Car enfin, sans la fleur bleue de la pitié qui éclot de tout temps dans les cœurs les meilleurs, les terribles luttes pour la vie nous feraient une humanité bien aride, intenable pour un grand nombre de malheureux et d'âmes délicates. En matière de relations sexuelles où tout doit être sentiment, qu'en serait-il si le sentiment de la pitié n'intervenait souvent, chez l'homme surtout qui, par les mœurs, les lois, la nature de la femme, se trouve en présence d'un être plus faible.

Ici encore il faut beaucoup attendre des effets de l'intérêt bien compris ; car la femme fera une compagne d'autant plus précieuse pour l'homme qu'elle sera ennoblie par une liberté plus grande, qu'elle aura plus de loisirs pour orner son intérieur, son esprit, sa personne elle-même, et qu'elle nous préparera une humanité toujours plus belle en élevant ses enfants avec toutes les attentions, tous les soins désirables. Ce que ne donne point encore la solidarité ni l'intérêt bien compris, il faut bien le demander pour l'instant à la pitié, puisqu'elle amende, dans une certaine mesure, la barbarie de lois et de coutumes qui sont la honte des temps modernes.

D'ici là, le spectacle de la vie ne cessera guère d'être triste pour ceux qui le considèrent avec quelque attention. Avec les atroces luttes pour l'argent, le pouvoir, la gloriole, pour tous les biens usurpés par la force, subsisteront les viles compétitions, les infâmes marchandages dont le besoin sexuel est le sujet.

A ce moment nous nous trouvions assis sur des troncs d'arbres renversés au bord d'une sente. Le soleil s'abaissait en rougeoyant à travers les branches. Des hirondelles, coupant l'espace, poursuivaient une proie minuscule ; un épervier planait mollement, guettant quelqu'oisillon étourdi. A nos pieds, un troupeau de fourmis dévorait un hanneton demi-vivant encore, dont les membres palpitaient à chaque coup de mandibule des fourmis. Un peu plus loin, gisaient les tronçons d'un lombric, coupé en deux par le bâton de quelque promeneur. Dans une flaque, derrière nous, des milliers d'animalcules s'entre-dévoraient sûrement. Partout la destruction, partout l'impitoyable lutte pour la vie.

Dans l'eau, sous la terre, dans les airs même, sur les plantes, les roches, et jusque dans les corps vivants, des êtres luttaient pour se reproduire avant de servir de pâture à d'autres êtres, des microbes à l'homme en passant par toutes les séries vivantes inter-médiaires, de l'homme aux microbes et aux plantes elles-mêmes.

Raffinant inconsciemment sur l'impitoya-ble nature, les sociétés humaines m'apparu-rent plus féroces encore par les désastres qu'y engendrent leurs préjugés en matière de choses sexuelles.

Je vis d'innombrables malheureuses, do-mestiques, employées de magasin, d'usine ou d'atelier, rendues enceintes par leurs maî-tres, leurs patrons ou leurs compagnons de travail, dont l'existence se traînait, lamen-table, de l'hôpital à la mansarde, méprisées de tous, repoussées partout et finissant trop souvent au fond d'une rivière ou dans un lupanar. Je vis des multitudes de pauvres petits êtres, livrés à l'assistance publique et de là au trottoir, au vice, au crime, au bagne, à l'échafaud. Je vis des légions de jeunes gens contaminés, rongés d'affreuses maladies, propageant et léguant à l'infini leurs ulcères et leur sang vicié. Je vis la plupart des foyers divisés, en proie aux guerres sourdes, pleins de douleurs inguérissables dues à quelque incomptabilité sexuelle, à quelque erreur de choix d'un conjoint mal averti. Je vis enfin ces jeunes couples, enlacés dans la mort par le poison, le revolver ou l'asphyxie, émouvantes victimes des préjugés de leurs proches et de la société tout entière...

Tous ces crimes conscients ou inconscients, toutes ces vies empoisonnées ou perdues par l'amour, tous ces désastres sans nombre n'ont guère qu'une cause : l'ignorance sexuelle.

Aussi, quelle joie serait la nôtre, si, grâce à cette trop imparfaite *Initiation Sexuelle*, quelques enfants se trouvaient instruits, avec toute la délicatesse, tout le sérieux que nous avons voulu mettre dans cet ouvrage, et par là garantis, dans une large mesure, contre quelqu'une de ces affreuses mésaventures, dont, trop souvent, les jeunes gens sont les victimes.

FIN

Imprimerie spéciale de la Librairie « Art et Science »
6, rue Bréa, Paris (VIᵉ)

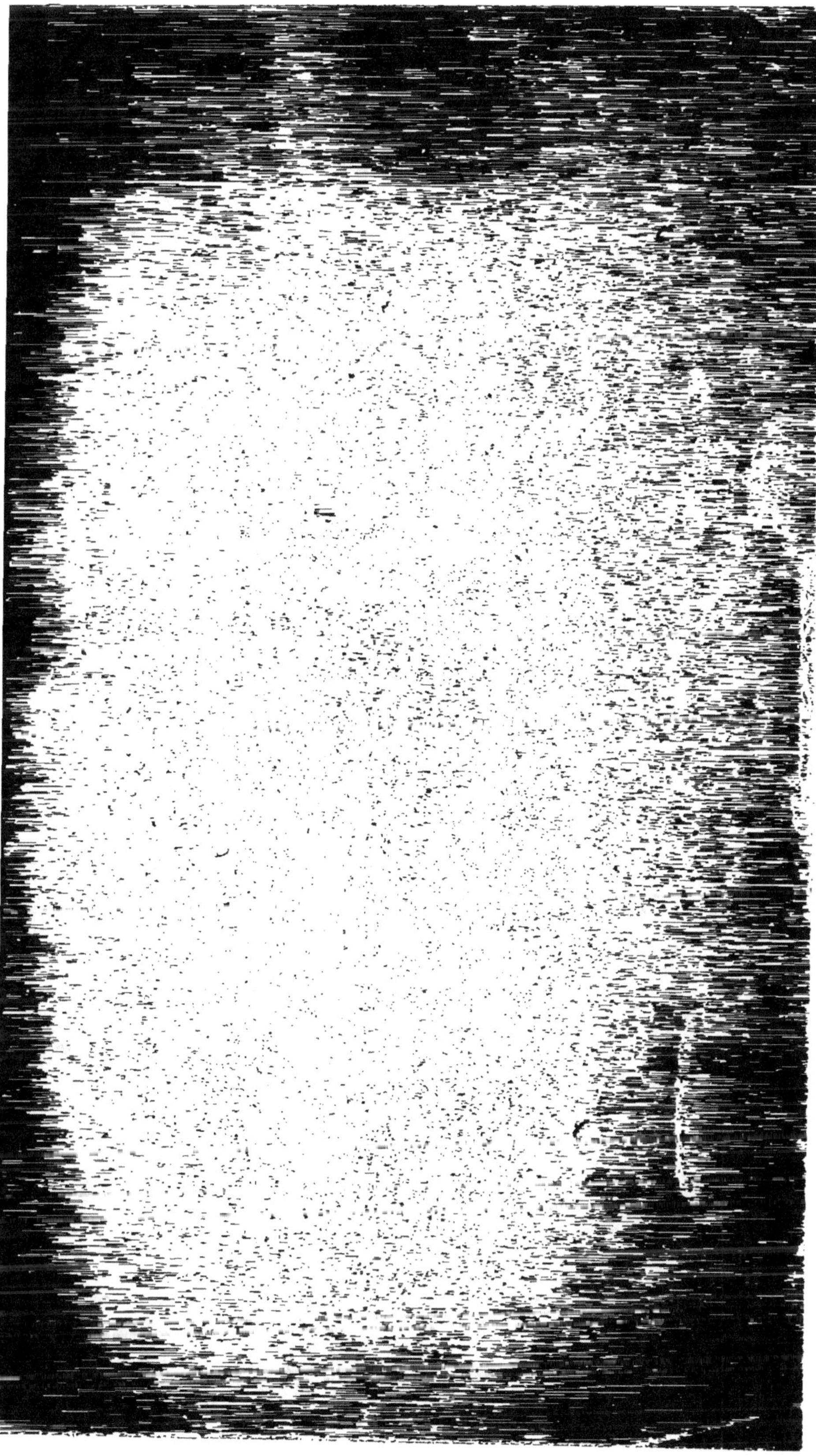